RAPPORTS

SUR LES RADES, PORTS ET MOUILLAGES

DE

LA COTE ORIENTALE DU GOLFE DE VENISE,

VISITÉS EN 1806, 1808 ET 1809,

Par ordre de l'EMPEREUR, sous le ministère du vice-amiral DECRÈS,

Par C. F. BEAUTEMPS-BEAUPRÉ,

Membre de la Légion d'honneur,

Hydrographe Sous-Chef du Dépôt général des cartes et plans de la Marine et des Colonies.

PRIX : 2 FRANCS.

Annales hydrographiques de 1849.

1re PARTIE,

Revue et mise en ordre par E. DABONDEAU, ingénieur hydrographe.

PARIS,

IMPRIMERIE ADMINISTRATIVE DE PAUL DUPONT,

Rue de Grenelle-Saint-Honoré, 55.

1849

RAPPORTS

SUR LES RADES, PORTS ET MOUILLAGES

DE

LA COTE ORIENTALE DU GOLFE DE VENISE.

Ier RAPPORT.

CAMPAGNE DE 1806.

Je ne ferai point précéder le compte que je vais rendre de mes opérations de la campagne de 1806, d'une description nautique du golfe de Venise, fondée sur des rapports aussi incertains que ceux qu'il est possible de se procurer des marins en général, et des pilotes en particulier. Le seul essai d'un bon ouvrage de ce genre eût exigé une connaissance pratique de ce golfe, que les circonstances de la guerre ne m'ont point permis d'acquérir.

---

1 Le Dépôt de la marine, en publiant, d'après la délibération de son comité consultatif, les résultats du beau travail exécuté en 1806, 1808 et 1809, sur la côte orientale du golfe de Venise, par notre illustre hydrographe, Beautemps-Beaupré, s'est proposé le double but de ne pas priver plus longtemps les marins des observations importantes que renferme ce travail, et de rendre hommage au savant chef qui, pendant près d'un demi-siècle, a dirigé avec tant d'éclat le corps des ingénieurs hydrographes, et a doté la France de tant de magnifiques travaux.

Quelques-uns des détails contenus dans ces rapports sembleront peut-être avoir perdu aujourd'hui leur caractère d'opportunité ; mais, par respect pour leur vénérable auteur, on a dû reproduire ceux-ci tels qu'ils ont été présentés à l'empereur.

Il eût fallu, pour pouvoir donner des notions générales bien certaines sur la navigation du golfe de Venise, que j'eusse pu parcourir et sonder ce bras de la mer Méditerranée dans tous les sens, en visiter toutes les côtes, tous les canaux et tous les ports, et ce seul travail eût demandé une campagne entière.

N'ayant absolument rien trouvé dans les archives de l'arsenal de Venise qui pût abréger les recherches hydrographiques dont j'avais reçu l'ordre de m'occuper, je cherchai à obtenir des anciens marins vénitiens les renseignements qui m'étaient indispensables; ce moyen ne me fournit pas des données bien certaines sur la navigation du golfe de Venise en général, ni sur celle de sa côte orientale, qu'il m'importait de bien connaître; mais il me procura l'avantage de pouvoir choisir pour m'accompagner à la mer un ancien officier vénitien, autant distingué par sa modestie que par ses connaissances en marine, le lieutenant de vaisseau Tician.

Il a été bien démontré que la plus grande partie des renseignements que j'avais obtenus des pilotes ne méritait nulle confiance; que la description du golfe de Venise publié par Bellin en 1771 renfermait des fautes graves; et qu'aucune des cartes marines connues ne pouvait servir de guide, pour la navigation des vaisseaux de ligne, dans les nombreux canaux formés par les îles de la Dalmatie.

Avant d'entrer dans le détail des travaux qu'il m'a été possible d'exécuter, cette première campagne, je crois devoir donner sur les vents qui règnent le plus ordinairement dans le golfe de Venise quelques notions que je dois beaucoup plus encore à l'expérience de M. le lieutenant de vaisseau Tician, qu'à mes propres observations.

Le golfe de Venise, qui présente à sa côte orientale un grand nombre de positions où des vaisseaux de ligne peuvent se mettre à l'abri du mauvais temps, est néanmoins d'une navigation dangereuse; et c'est plutôt à la violence des vents qui soufflent depuis l'E. jusqu'au N. E. (nommés *Borea*), qu'il doit ce désavantage, qu'au grand nombre d'écueils dont il est rempli.

Le *Borea* est redouté des marins qui fréquentent le golfe de Venise, parce qu'il se déclare subitement avec une violence extrême, et parce qu'il souffle par rafales, et dans une direction perpendiculaire à celle du golfe qui court S. E. et N. O.

Il est aisé de sentir que dans le golfe de Venise, qui nulle part n'a plus de 25 lieues de largeur, le marin le plus habile doit se trouver fort embarrassé quand il est assailli par l'impétueux *Borea*, lequel souvent ne permet l'usage d'aucune voile ; dans une telle situation, il est immanquablement jeté sur la côte d'Italie, qui ne présente aucun abri assuré pour un vaisseau de ligne, depuis le mont Sᵃ Angelo jusqu'à Trieste. Quand le *Borea* permet de porter de la voile, les bordées sont si courtes, que l'on peut encore se trouver affalé sur la côte d'Italie, sans espoir de s'en relever.

C'est sur la côte orientale du golfe que le *Borea* souffle avec le plus de violence ; et c'est néanmoins cette côte que la prudence ordonne aux navigateurs de hanter de préférence, parce qu'elle offre un grand nombre de positions, où l'on peut mouiller, et où l'on n'a pas à combattre les efforts réunis de la mer et du vent.

Le *Borea* est tellement à craindre dans le *Quarnero*, que les bâtiments qui doivent traverser ce petit golfe attendent, soit sous la côte occidentale de l'Istrie, soit sous quelqu'une des îles de la Dalmatie, un moment favorable pour le traverser ; il souffle aussi avec une très-grande force dans le fond du golfe de Venise, et il arrive souvent que des bâtiments mouillés dans le port de Trieste sont obligés de prendre la mer, et d'aller chercher un abri contre sa violence dans la rade de *Pirano*, ou sous la côte occidentale de l'Istrie.

Quelquefois en venant du N. avec vent arrière, on trouve à l'ouvert du *Quarnero* les vents au N. E. ; dans ce cas si le temps est beau et le *Borea* maniable, il faut continuer la route au S., bâbord-amures, pour aller accoster les îles de la Dalmatie, sous lesquelles il y a bon mouillage : dans le cas contraire, il faut louvoyer pour remonter dans le N., et aller mouiller à l'abri de la mer sous la côte occidentale de l'Istrie.

Quand on se trouve pris dans le grand *Quarnero* par un coup de vent de *Borea* et qu'il devient impossible de porter assez de voile pour aller se mettre à l'abri sous la terre, il faut mouiller sur-le-champ ; l'on trouve un bon brassiage et un fond de bonne tenue entre le cap *Promontore* et les îles du *Quarnero*.

Si l'on se trouvait pris avec un vaisseau par le *Borea*, entre l'île *Grossa* et l'île *Lissa*, et que la violence de ce vent ne permît point d'atteindre un abri sous quelqu'une des îles de la Dalmatie, il faudrait mettre sur-le-champ au plus près, bâbord-amures, et s'efforcer d'aller prendre un mouillage dans la baie de *Manfredonia*, sous le mont Sᵃ Angelo. Là, il y aurait à craindre que le vent passât à l'E. ; mais comme la tenue est bonne, la rupture des câbles pourrait seule mettre le vaisseau en danger. Si le même vent prenait entre les îles *Agosta* et *Meleda*, et qu'il permît de porter de la voile, l'on pourrait de la bordée, doubler la pointe Sainte-Marie et sortir du golfe. Dans le cas contraire, le mouillage sous le mont *S⁰ Angelo* serait encore une ressource.

Nous croyons nécessaire de faire observer, avant d'aller plus loin, que l'on navigue dans le golfe de Venise avec des boussoles corrigées de la déclinaison de l'aiguille aimantée, et qu'en conséquence, quand l'on indique la route d'un vaisseau, le gisement d'une côte, le rumb d'où souffle le vent, etc., c'est toujours au méridien vrai que l'on rapporte ces directions. Il n'est pas moins indispensable de faire remarquer que ces expressions *sopra vento*, au vent, et *soto vento*, sous le vent, se rapportent toujours au rumb de vent d'où souffle le *Borea* ; ainsi dans le golfe de Venise la côte orientale est la côte du vent, et la côte occidentale est la côte sous le vent.

Le vent de S. E. , nommé *Scirocco*, occasionne une grosse mer dans le golfe de Venise, mais il n'y est pas redouté comme le *Borea*, parce qu'on trouve un grand nombre de bons mouillages sur la côte orientale du golfe , dans lesquels on peut se mettre à l'abri de sa violence. Il est toujours accompagné de brume ou de pluie.

Les vents de N. et de N. O. sont encore moins dangereux que le vent du S. E. ; ils n'occasionnent que peu de mer et ils permettent de sortir du golfe.

- Les vents d'O. et d'O. S. O. sont considérés comme n'étant nullement à craindre dans le golfe de Venise.

La montée de l'eau est peu considérable dans le golfe de Venise; elle est de 1, 2, 3 ou 4 pieds. Quand le vent du S. E. souffle longtemps, il accumule et soutient les eaux dans le fond du golfe, et c'est alors seulement que la mer s'élève de 4 pieds au-dessus de son niveau le plus bas. Quand le vent souffle de la partie du N., à peine s'aperçoit-on qu'il y ait de la marée.

Nous n'osons pas parler des courants qui règnent dans le golfe de Venise, parce que nous n'avons pas été à même de les observer autant qu'il eût été nécessaire de le faire, seulement pour vérifier ce qui nous en avait été dit. Il en est de la vitesse du courant comme de la montée de l'eau; elle est plus ou moins considérable suivant la direction d'où vient le vent, mais elle ne va guère au delà de 1 mille par heure.

RADE DE PIRANO.

La rade de *Pirano*, située à l'extrémité du N. O. de l'Istrie, est le mouillage le plus voisin de Trieste, que puissent prendre des vaisseaux de ligne et des frégates qui seraient en croisière dans le fond du golfe de Venise; c'est aussi, de tous les points de relâche qu'offre la côte de l'Istrie, celui dont la communication avec Venise, au moyen de petits bâtiments, est le plus assurée, tant parce qu'il est le plus au vent, que parce que de là, on découvre parfaitement bien la côte du Frioul, la ville de Trieste et le fond du golfe de Venise; et que l'on est à même de profiter de tous les mouvements des ennemis, pour traverser le golfe et gagner *Caorle*, ou les entrées de la *Piave*. Ces considérations m'ont engagé à faire un examen particulier de cette rade, et à en dresser un plan exact.

La rade de *Pirano* a 3 milles d'ouverture et autant de profondeur; elle pourrait contenir la plus forte armée navale; mais comme la qualité du fond est presque partout dans son intérieur une vase très-molle, et que d'ailleurs le vent de *Borea* y souffle avec violence, il n'y a qu'une petite partie de ce grand espace où les vaisseaux puissent mouiller avec quelque sécurité.

C'est sous le mont *Mogoron*, entre la ville et l'anse nommée *Porto-Rose*, qu'est le mouillage de la rade de *Pirano*; dans cette position, l'on est moins exposé que partout ailleurs à la violence du *Borea*, qui souffle de l'E. N. E., mais néanmoins l'on n'y est pas assez en sûreté pour pouvoir négliger la moindre des précautions que l'on doit prendre étant mouillé sur une mauvaise rade.

Il arrive souvent dans la rade de *Pirano* des malheurs qui sont occasionnés par le vent de *Borea*; des bâtiments mouillés sous le mont *Mogoron* chassent, traversent la rade, sans que les ancres puissent reprendre fond, et vont se briser sur les roches qui en bordent la côte occidentale. Nous pensons que quelques-uns de ces naufrages sont plutôt encore l'effet de la négligence des marins, que de la mauvaise qualité du fond; et nous osons assurer qu'un vaisseau de ligne qui serait muni de bons câbles, qui en filerait deux et trois bout à bout au besoin, et qui aurait empennelé son ancre, tiendrait au mouillage, sous le mont *Mogoron*, par les plus forts coups de vent que l'on puisse essuyer dans ces parages, pendant la belle saison.

Les vaisseaux pourraient approcher d'assez près la côte, sous le mont *Mogoron*, pour avoir une amarre à terre , mais il paraît que jamais l'on n'a eu recours à ce moyen, dans la crainte, sans doute, en mouillant trop près du rivage, de s'exposer au danger de tomber sur les galets qui le bordent , si l'on venait à chasser par un vent forcé d'Ouest.

Le vent de *Borea* seul est redouté des marins qui fréquentent la rade de *Pirano* pendant la belle saison ; les vents de la partie du N. et du N. O. n'y occasionnent point d'accidents, parce que, s'ils sont assez forts pour faire chasser les bâtiments, ce qui est rare, ils les portent sur les vases du fond de la baie , où l'échouage ne peut les endommager. Les vents d'O. et d'O. S. O. occasionnent de la mer dans le N. de la rade, mais point assez pour mettre un vaisseau en danger.

La rade de *Pirano*, ainsi que nous l'avons déjà dit, n'est point un abri assuré contre la violence du *Borea*, et pourtant, c'est là le seul point de la côte de l'Istrie où se réfugient, quand il y a possibilité, les bâtiments de toutes les nations qui ne peuvent tenir ni dans le port, ni sur la rade de Trieste par les forts coups de vent de l'E. au N. E.

Quand le vent de *Borea* fait chasser les bâtiments mouillés sur la rade de *Pirano*, il est trop fort pour qu'il soit possible de mettre à la voile et de gagner le large ; dans ce cas, tout bâtiment qui chasse tombe sur la pointe *Salvore*, côte de fer, où il n'y a point de secours à espérer.

Les petits bâtiments trouvent un abri assuré contre les plus forts coups de vent, près et à l'O. de la ville de *Pirano*, en dedans du môle.

Il y a plusieurs fontaines sur la côte orientale de la rade qui fournissent de bonne eau et en grande abondance.

La ville de *Pirano* est petite ; mais elle est bien peuplée. Les habitants, qui peuvent être au nombre de 6,000, en sont industrieux. Les collines qui avoisinent cette ville sont cultivées d'une manière admirable ; elles sont couvertes d'oliviers, de figuiers et de vignes.

Les salines de *Sicciole* et de *Fasana*, qui sont situées dans le fond de la rade , fournissent une grande quantité d'excellent sel.

L'on trouve un peu plus de ressources en vivres à *Pirano* que dans les autres ports de l'Istrie ; mais néanmoins, si des vaisseaux de guerre y relâchaient, il faudrait qu'ils tirassent de Venise la majeure partie des approvisionnements dont ils auraient besoin.

Les bâtiments de Sa Majesté, qui relâcheraient en temps de guerre dans la rade de *Pirano* ne pourraient pas y être bien défendus par les batteries de la côte, contre l'attaque d'un ennemi supérieur en force; c'est ce que fera mieux connaître notre plan, que tout ce que nous pourrions dire à ce sujet.

La latitude de *Pirano*, observée sur le môle, a été trouvée de 45° 32′ 20″ N.

La déclinaison de l'aiguille aimantée a été trouvée de 17° 10′ N. O.

PORT D'UMAGO.

Le port d'*Umago*, situé à la côte orientale de l'Istrie, entre la rade de *Pirano* et *Porto-Quieto*, n'est qu'une petite anse fermée par des roches sous l'eau, au fond de laquelle les bâtiments caboteurs qui ne tirent pas plus de 7 pieds d'eau trouvent un abri assuré contre le mauvais temps, et particulièrement contre le vent de *Borca*.

Les petits bâtiments destinés pour Venise se retirent de préférence à *Umago*, quand ils attendent un vent favorable pour traverser le golfe, et ils sont tellement habitués à partir de ce prétendu port, que, même en temps de guerre, ils le préfèrent à celui de *Pirano* qui est plus au vent, et où l'on peut connaître à chaque instant la position des croiseurs ennemis.

L'anse d'*Umago* est ouverte au N. O., elle a trois encâblures d'ouverture et autant de profondeur; une balise en pierres sèches en indique l'entrée. L'on trouve au moins 10 pieds d'eau entre la balise, qu'il faut laisser à tribord en entrant, et la pointe N. de l'anse. En dedans de cette balise la profondeur de l'eau augmente, et partout l'on trouve un fond de bonne tenue; il n'y a point de passage entre la balise et le village.

Ce fut sur la grande réputation dont jouit le port d'*Umago* parmi les marins qui fréquentent la côte de l'Istrie, que je me décidai à l'aller visiter : quelle fut ma surprise de trouver, au lieu d'un beau port, une anse d'une si petite étendue.

Le village d'*Umago* contient environ 680 habitants. Il existe près de ce village une source dont les habitants boivent l'eau après l'avoir purifiée par le moyen de la filtration.

L'on a établi une batterie de deux pièces de canon de fort calibre, sur la pointe N. du port d'*Umago*, qui défend bien le mouillage et le village.

La latitude du port d'*Umago*, déduite de celle observée à *Citta-Nova*, est de 45° 27′ 30″ N.

PORTO-QUIETO.

On appelle *Porto-Quieto* la rade ou plutôt la grande anse dans laquelle vient se jeter la petite rivière *Quieto*, qui a sa source dans l'intérieur de l'Istrie, et qui traverse la forêt de Montana, célèbre par ses bois courbes.

Porto-Quieto est situé d'une manière avantageuse pour communiquer avec Venise ; mais, en temps de guerre, on n'a pas là comme à *Pirano* l'avantage de pouvoir expédier avec sécurité, même en présence de l'ennemi, de petits bâtiments pour les ports de la côte du Frioul, qui communiquent avec les lagunes par des canaux intérieurs. En partant de *Porto-Quieto* et faisant route directe pour Venise, l'on ne peut jamais être assuré de trouver la mer libre ; au lieu qu'avant de quitter *Pirano*, l'on peut toujours connaître la position des bâtiments qui croisent dans le fond du golfe, et diriger sa route en conséquence.

Quoique *Porto-Quieto* ne soit guère qu'à 5 lieues de *Pirano*, vers le S., il serait impossible de communiquer par mer entre ces deux points, même avec des barques, si les ennemis se tenaient en croisière sur le cap *Salvore*.

Porto-Quieto est généralement reconnu pour être un excellent mouillage, et surtout un bon abri contre le vent de *Borea*, lequel vent seul est craint dans ces parages ; et néanmoins le plomb de sonde indique que partout dans l'intérieur de ce port le fond est d'une vase molle, qui paraît devoir être d'une mauvaise tenue contre les efforts réunis de la mer et du vent.

Je suis convaincu qu'un vaisseau n'a rien à craindre à *Quieto* par les vents du N. O. au S. S. O. passant par l'E., parce que ces vents n'y occasionnent point de mer ; mais il me paraît impossible que les ancres tiennent bien, dans ce fond de vase molle, par les vents forcés du large ; des marins dignes de foi, au nombre desquels est le lieutenant de vaisseau Tician, à qui j'ai fait connaître mon opinion sur la qualité du fond de *Porto-Quieto*, m'ont assuré que la mer n'était point aussi mauvaise dans ce port, par les vents du large, que la disposition des côtes semble devoir le faire craindre. Si le fait est vrai, comme je suis porté à le croire, il faut attribuer cet avantage à la grande quantité de vase dont sont chargées les eaux de la rivière *Quieto*, laquelle vase en se mêlant à l'eau de la baie, qui a peu de mouvement, empêche les lames de déferler dans les coups de vent.

Malgré l'opinion généralement répandue de la bonté du mouillage à *Quieto*, même par les vents du large, opinion fondée sur l'expérience qui vaut mieux que toutes mes observations, je pense que les vaisseaux de Sa Majesté qui viendront relâcher dans ce port doivent mouiller dans le N. O. de la pointe *Bernazza*, afin d'éviter tout danger. Dans cette position, ayant deux grosses ancres mouillées E. et O. et pouvant filer au besoin deux ou trois câbles qui s'enfonceraient dans la vase, ils tiendraient sans doute par les vents les plus violents de l'O., si la mer n'était pas très-mauvaise : dans le cas contraire, ils échoueraient sur les vases près de l'entrée de la rivière et ne se feraient point de mal.

Quieto jouit de l'avantage d'être moins exposé que *Pirano* à la violence du *Borea*, et à cela il réunit encore l'avantage inappréciable d'être ouvert à l'aire de vent opposée à celle d'où souffle le *Borea*, de manière qu'un vaisseau qui aurait ses câbles rompus par ce terrible vent pourrait prendre le large, même à sec de voiles.

Tout bâtiment tirant plus de 12 pieds d'eau, qui veut entrer à *Quieto*, doit éviter l'approche de la côte N. O. de cette anse et passer au S. d'un banc de roche nommé *Secca-del-Val*, qui gît dans l'O. S. O. de *Citta-Nova*, à la distance de 5 encablures du rivage.

Il y a assez d'eau pour les plus grands bâtiments entre le banc de roches dont nous venons de parler, et la ville de *Citta-Nova* ; mais l'on ne doit pas fréquenter ce passage, parce qu'il est étroit et parce que le fond y est de mauvaise qualité.

Pour donner dans *Quieto* avec un vaisseau, il faut se mettre E. et O. de la pointe S. de ce port, nommée *Punta-del-Dente*, puis gouverner sur cette pointe qui est saine en dedans comme en dehors du port, jusqu'à ce que l'on en soit à la distance de 3 ou 4 encablures ; ensuite donner dans le port. L'on évitera de cette manière et la *Secca-del-Val* et d'autres bancs de roche qui se trouvent entre la *Punta-del-Dente* et *Parenzo*.

Une belle fontaine, située près du rivage, entre la pointe *Bernazza* et l'anse *Torre* fournit de bonne eau en assez grande abondance pour les besoins d'une forte escadre.

Les vaisseaux de Sa Majesté qui voudraient mouiller en temps de guerre à *Quieto* ne pourraient pas être bien défendus par les batteries de la côte, contre les attaques d'un ennemi supérieur en forces, et rien ne pourrait les garantir de l'effet des brûlots dirigés contre eux par un vent d'O. ; mais il serait possible de concentrer des bâtiments de moyenne grandeur dans l'anse de *Torre*, de manière à les garantir de la violence de tous les vents et de l'attaque de l'ennemi.

C'était à *Porto-Quieto* que les Vénitiens faisaient relâcher leurs vaisseaux, soit pour y prendre leur artillerie, quand sortant de Venise l'hiver ils ne pouvaient rester sur la rade de *Malamocho* pour l'embarquer, soit pour s'en décharger quand ils devaient rentrer dans le même port.

Tout ce qui était nécessaire aux vaisseaux vénitiens mouillés à *Porto-Quieto* leur était apporté journellement de Venise; il n'y a point de magasin pour la marine à *Citta-Nova*.

L'on peut se procurer à *Porto-Quieto* de l'eau, du bois, du vin et de l'huile. La ville de *Citta-Nova* est assez jolie, mais elle est peu peuplée, on n'y compte pas plus de 700 âmes; le port en est petit et n'est pas très-bon, mais pourtant les bâtiments caboteurs s'y réfugient.

Porto-Quieto, malgré la réputation, sans doute bien méritée, dont il jouit d'être l'un des plus sûrs mouillages du golfe de Venise, m'a paru un lieu peu convenable pour former un établissement maritime, et c'est ce qu'on reconnaîtra assez évidemment à l'inspection de mon plan, pour que je croie inutile de combattre les objections qu'on pourrait faire contre cette opinion.

Les vases charriées continuellement par la rivière *Quieto* doivent tendre à combler *Porto-Quieto*; mais c'est un fait sur lequel il m'a été impossible d'obtenir des renseignements certains.

La latitude de *Citta-Nova* est de 45° 20' 30" N.

La déclinaison de l'aiguille aimantée a été trouvée de 17° 10' N. O.

PORT DE PARENZO.

Le port de *Parenzo* est un des meilleurs abris contre le mauvais temps que présente la côte de l'Istrie; c'est un mouillage excellent pour les bâtiments caboteurs, mais malheureusement il est d'une petite étendue; il n'a que quatre encablures de longueur sur deux encablures de largeur. L'on trouve au moins 17 pieds d'eau, sur un fond de vase dure, dans le port de *Parenzo*, et dans un cas pressant une frégate de petit échantillon pourrait s'y retirer et s'amarrer de manière à n'avoir pas à craindre les plus forts coups de vent.

L'écueil *San-Nicolo*, qui ferme le port de *Parenzo*, et qui le défend contre les vents du large, pourrait servir aussi à défendre les bâtiments qui y seraient mouillés, contre toutes les tentatives de l'ennemi.

Pour venir prendre mouillage devant *Parenzo*, il faut passer entre deux petites roches qui sont au N. de l'écueil *San-Nicolo*, et se défier d'une pointe de roches sous l'eau qui s'avance à une encablure dans le N. de la pointe N. de cet écueil : l'on évitera cette pointe dangereuse en se tenant plus près du rocher de l'E. que de celui de l'O. ; la passe du S. n'est praticable que pour de très-petites barques.

Une frégate qui serait forcée de se réfugier dans le port de *Parenzo* ne pourrait pas y entrer à la voile sans courir le risque de s'échouer ; il faudrait qu'elle se touât pour éviter tout danger.

La ville de *Parenzo* est peu peuplée, on n'y compte pas plus de 2,000 habitants ; elle est sale et entourée de vieux murs qui empêchent la circulation de l'air, ce qui contribue à en rendre le séjour malsain.

L'on voit sur l'écueil *San-Nicolo* une tour ronde en partie ruinée qui a servi de phare, ainsi qu'un couvent qui n'est plus habité que par un fermier.

L'écueil *San-Nicolo* est entièrement couvert d'arbres dont la plus grande partie sont des oliviers.

Les environs de *Parenzo* paraissent fertiles, mais ils sont peu cultivés faute de bras. L'eau douce est rare à *Parenzo*, et il n'y a point de source dans les environs où les navires puissent faire aiguade. Les puits et les citernes fournissent aux besoins des habitants et du petit nombre de bâtiments caboteurs qui viennent relâcher dans ce port.

La latitude de la ville de *Parenzo* est de 45° 15' 30" N.

CANAL DE LEMO.

Le *canal de Lemo* est représenté sur presque toutes les cartes géographiques comme étant l'embouchure d'une rivière, mais c'est à tort ; nous l'avons parcouru dans toute son étendue, qui est d'environ 6 milles, et nulle part nous n'avons trouvé d'eau douce.

Ce canal est entièrement encaissé entre des montagnes boisées, et des rochers de moyenne hauteur, qui sont tellement à pic qu'à peine trouve-t-on les moyens de les gravir.

Il y a 15 à 20 brasses d'eau, dans toute l'étendue du *canal de Lemo*, sur un fond de vase dure dans laquelle les ancres doivent bien tenir ; mais, comme partout la largeur de ce canal est peu considérable , n'étant que de deux à trois encablures , il y aurait à craindre, si l'on mouillait par un vent forcé, de tomber sur les roches qui bordent la côte, avant que les ancres eussent pris.

Quand j'eus acquis la certitude qu'il était impossible de se procurer de l'eau douce dans le *canal de Lemo*, je jugeai que ce bras de mer, dont l'aspect est véritablement sauvage, ne devait servir de relâche que dans un cas bien pressant, et qu'il suffisait en conséquence de dresser un plan exact de la partie la plus voisine de la mer.

La pointe N. de l'entrée du canal est basse , et elle se prolonge sous l'eau l'espace de 150 toises. A 120 toises dans le S. de cette pointe il existe une roche sur laquelle il n'y a que 11 pieds d'eau de basse mer.

La pointe S. de l'entrée du canal est de moyenne hauteur, elle est saine et il faut l'accoster de préférence à la pointe du N. L'on trouve à l'O. et près de cette pointe deux petites anses au fond desquelles il y a eu anciennement des salines.

Nous pensons que les vaisseaux de Sa Majesté ne doivent pas entrer dans la *canal de Lemo* , à moins que des circonstances majeures ne les y forcent. Dans ce cas, il serait aisé de les défendre par des batteries placées sur la pointe N. de l'entrée et sur la pointe basse du S., qui est près et à l'E. de l'anse Saline.

Nous avons trouvé dans le fond du canal trois maisons et une petite chapelle ; c'est en ce lieu que les bâtiments caboteurs viennent charger une partie des bois que l'on tire de l'Istrie pour la consommation de Venise.

La direction du *canal de Lemo* et la disposition des montagnes dans lesquelles il est comme encaissé me font penser que le vent de *Borea* doit y souffler avec violence ; mais il a été impossible de trouver dans ce lieu sauvage un seul homme de qui l'on pût obtenir des éclaircissements sur ce point.

La latitude de l'entrée du *canal de Lemo* est de 45b 7' 30'' N.

PORT DE POLA, DE VÉRUDA ET CANAL DE FASANA.

PORT DE POLA.

Le port de *Pola* est un bassin magnifique, fermé de toutes

parts par des collines d'un aspect agréable et par quatre écueils, dans lequel un assez grand nombre de vaisseaux de ligne pourraient mouiller avec sécurité.

La qualité du fond est partout dans l'intérieur du port de *Pola* une vase d'une si bonne tenue qu'un vaisseau qui y serait mouillé aurait plutôt à craindre de perdre ses ancres, si l'on n'avait pas l'attention de les soulever de temps en temps, que de chasser.

Les vents les plus violents n'occasionnent point assez de mer dans le port pour fatiguer un vaisseau de ligne.

On trouve, en général, la même qualité de fond dans la passe de *Pola*, qui a 1,500 toises de longueur sur 400 toises de largeur, que dans l'intérieur du port ; mais quelquefois le plomb de sonde y rapporte des coquilles brisées mêlées à la vase ; très-près de la côte seulement le plomb de sonde rapporte du gravier.

Les vents de l'E. au N. E. nommés *Borea*, les seuls, ainsi que nous l'avons déjà dit, qui soient redoutés des marins qui fréquentent le golfe de Venise, parce qu'ils sont violents et qu'ils viennent par rafales, et parce qu'ils se déclarent subitement, n'agitent point les eaux dans le port de *Pola* : c'est un fait dont j'ai eu la preuve.

J'attribue l'avantage dont jouit le port de *Pola*, d'être moins exposé que tous les autres ports de la côte orientale du golfe de Venise à la violence du *Borea*, à la grande distance à laquelle il se trouve des hautes montagnes de l'intérieur de l'Istrie, et au peu d'élévation des collines qui l'avoisinent.

Quoique beaucoup moins dangereux à *Pola* que dans les autres ports de l'Istrie et de la Dalmatie, le *Borea* souffle néanmoins avec assez de violence dans ce port ; aussi pensons-nous qu'il faudrait munir de bons câbles les vaisseaux de Sa Majesté que l'on aurait l'intention d'y faire relâcher.

Les vents du large, c'est-à-dire les vents de la partie de l'O. qui sont regardés comme peu dangereux sur toute la côte de l'Istrie, occasionnent de la mer sur la côte N. de la passe de *Pola*, mais à peine agitent-ils les eaux du bassin intérieur.

Nous pouvons assurer avec confiance que le mouillage est très-bon dans le port de *Pola*, partout où il y a plus de 24 pieds d'eau, et que le mouillage dans la passe, entre les écueils qui couvrent le port et les pointes extérieures, est aussi très-bon, parce qu'on y est abrité de la mer qu'y occasionnent les forts vents de la partie de l'O., par l'écueil *Brioni* et par le *cap Com-*

pare, quand on a l'attention de mouiller plus près de la côte du S. que de la côte du Nord.

La tenue étant aussi bonne dans la passe du port de *Pola* que dans le port même, et cette passe d'ailleurs offrant un très-grand espace pour le mouillage, je pense que ce serait là que devraient jeter l'ancre les vaisseaux qui viendraient en relâche à *Pola*, dans les circonstances présentes : les avantages de cette position sont : 1° de pouvoir appareiller pour prendre le large, dans le cas où l'on aurait à craindre la rupture des câbles par la violence du *Borea*; 2° d'avoir beaucoup d'espace pour l'évitage; 3° d'empêcher les équipages de séjourner trop longtemps dans la petite ville de *Pola*, qui est malsaine; 4° de pouvoir, ou défendre l'entrée du port en cas d'attaque, ou donner dedans si l'on avait à craindre un ennemi trop supérieur en forces.

Le port de *Pola* offre plusieurs positions où il serait possible d'amarrer les vaisseaux à terre, si toutefois l'on croyait nécessaire d'adopter dans ce port un usage qui est généralement établi dans tous les ports de la côte orientale du golfe de Venise, pour garantir les bâtiments de toute grandeur de la violence du *Borea* : l'on pourrait amarrer à terre au quai de la ville, à la partie occidentale du *Scoglio-Olivi*, à la partie occidentale du *Scoglio-Grande*, etc., etc.

L'on trouve à 50 toises de la ville de *Pola*, du côté de l'arène, une belle fontaine, connue sous le nom de *Fontaine des bains romains*, qui fournit de l'eau excellente et en assez grande quantité pour suffire aux besoins des habitants d'une ville de moyenne grandeur et de la plus forte armée navale. Cette fontaine est si près des bords de la mer, que l'on pourrait à peu de frais arranger un conduit, au moyen duquel on emplirait les pièces à eau, sans être obligé de les descendre des chaloupes.

L'eau de la fontaine des bains romains, que nous avons trouvée excellente, et dont nous avons fait usage pendant tout le temps qu'ont duré nos opérations, est tellement décriée dans l'esprit des habitants de Pola, que tous la croient sulfureuse et chargée de substances nuisibles à la santé.

Il n'eût peut-être pas été impossible de trouver la cause de la défaveur jetée sur l'eau de la fontaine des bains romains par les habitants de *Pola* eux-mêmes; mais nous étions trop pressés pour nous occuper de recherches de ce genre; d'ailleurs, il nous parut plus simple d'envoyer à Venise un officier chargé de faire faire l'analyse de cette eau tant décriée et que néanmoins nous trouvions excellente. L'examen qui fut fait de l'eau de la belle fontaine de *Pola*, par deux des plus célèbres chimistes de Venise, leva tous nos doutes ; cette eau, que les chimistes vénitiens décomposèrent sans savoir d'où elle était tirée, fut reconnue pour être bonne et saine. Dès lors, nous pûmes assurer que le port de *Pola* méritait de la part du gouvernement une attention toute particulière, et qu'il devait être compté au nombre des plus beaux et des meilleurs ports connus.

J'ai reconnu, d'après plusieurs expériences faites au mois de mai, qu'il sortait 37 pieds cubes d'eau en 15 secondes de la fontaine de *Pola ;* mais des habitants dignes de foi m'ont assuré que, dans les grandes sécheresses, la hauteur de la colonne d'eau qui sort de la fontaine diminuait d'un pouce. En calculant d'après ces rapports, j'ai trouvé que la fontaine fournissait 22 pieds cubes d'eau en 15 secondes dans l'arrière-saison.

A environ 1 mille dans le S. E. de la ville, il existe une source dont l'eau est très-bonne, mais peu abondante ; l'on trouve aussi, tant dans la ville que sur la côte, quelques puits dont les eaux ont de la réputation : de ce nombre sont les puits de la citadelle et du *Scoglio-Grande*. Enfin, l'on a construit à l'église paroissiale, sur la demande réitérée qui en fut faite au gouvernement vénitien, une bonne citerne qui peut contenir de 7 à 8,000 barils vénitiens. De tout ce qui précède, on conclura que le voyageur George Welher a eu raison de dire, il y a 131 ans, *il y a abondance de bonne eau à Pola*. Le même voyageur dit aussi qu'il y a abondance de provisions, mais à cet égard les choses sont bien changées, le pays est pauvre.

L'air passe pour être malsain à *Pola*, et cela est vrai sans doute, si l'on entend parler seulement de l'air que l'on respire dans l'intérieur de cette misérable ville ; mais rien, selon moi, n'autorise à en dire autant de celui qu'on respire à quelques pas de ses portes. Je suis porté à croire que l'opinion généralement répandue de l'insalubrité de l'air aux environs de *Pola* n'est pas mieux fondée que ne l'était celle bien accréditée de l'insalubrité des eaux de la fontaine des bains romains.

Un médecin nommé Ardouin, qui habita la ville de *Pola* pendant plusieurs années, fut chargé en 1798, par le gouvernement autrichien, de donner son avis sur les causes de la dépopulation d'un pays qu'il devait bien connaître, et il parla du *saldame*, sable très-fin qui se tire d'une colline située dans le S.

et près de la ville de *Pola*, pour le service des vitreries de Venise, d'une manière faite pour inquiéter les habitants du pays ; aussi, depuis l'époque à laquelle ce médecin produisit son mémoire, le gouvernement autrichien fut-il obligé de faire examiner de nouveau le *saldame* par le conseil de médecine de Trieste. Il fut reconnu que le docteur Ardouin s'était trompé, et depuis l'on a continué à extraire le *saldame*. Le docteur Ardouin, dont le mémoire contient d'ailleurs des vues utiles, partageait l'opinion générale sur l'insalubrité des eaux de la fontaine des bains romains.

Les causes principales de la dépopulation de la ville de *Pola* sont, selon moi, le défaut de circulation de l'air, le manque absolu de police, la paresse de ses habitants, leur misère affreuse qui en est la suite, leur malpropreté, et par-dessus tout cela, peut-être, la politique de l'ancien gouvernement vénitien.

Les habitants de *Pola* qui peuvent se procurer une bonne nourriture ne sont point attaqués des maladies qui font périr les habitants pauvres ; c'est ce que m'ont assuré quelques personnes dignes de foi, au nombre desquelles est le médecin actuel de la ville.

Je n'ai point vu de marécages aux environs de *Pola* ; peut-être, dans la mauvaise saison, les eaux séjournent-elles dans la jolie petite prairie qui est dans le S. O. et à peu de distance de la ville ; mais, quand même cela arriverait, on ne serait pas fondé à dire que la ville de *Pola* est entourée de marais qui exhalent des miasmes pestilentiels.

Le nombre des habitants de la ville de *Pola* est actuellement de 635, et la campagne aux environs de cette ville est presque déserte. Quoique le sol soit extrêmement fertile, on n'y compte pas plus de 40 cultivateurs.

La passe du port de *Pola* peut être défendue, avec un grand succès, contre une attaque par mer, au moyen de batteries placées des deux côtés ; mais, comme elle est directe, les vaisseaux qui seraient mouillés dedans auraient néanmoins à se précautionner contre l'effet des brûlots. L'entrée du port intérieur peut être rendue inattaquable au moyen de forts ou de batteries placées sur la pointe *Monumenti* et sur les trois écueils qui sont situés dans le S. E. de cette même pointe.

Il ne reste qu'un seul bastion de toutes les fortifications du *Scoglio-Grande*. Il serait à désirer qu'il fût aussi aisé de défendre le port de *Pola* contre une attaque dirigée du côté de la terre qu'il est aisé de défendre son entrée contre l'attaque directe des forces navales de l'ennemi le plus puissant ; mais, sans prétendre émettre une opinion à cet égard, je me permettrai de dire que la chose me paraît difficile, et surtout très-dispendieuse. Me bornant à ce qui concerne la marine, je dirai que *Pola* peut être attaqué par mer d'une manière très-dangereuse, par deux anses situées dans le S. de la tour d'Orlando, *Valle-Lavina* et *Valle-Fuora* ; c'est là, je crois, le point d'où une escadre ennemie pourrait tenter un coup de main sur *Pola*, même avec un petit nombre de troupes de débarquement, parce que la descente peut y être soutenue par l'artillerie des vaisseaux.

La langue de terre qui sépare du port de *Pola* les anses désignées ci-dessus est de moyenne hauteur, et n'a pas plus de 150 toises de largeur ; elle est en partie cultivée et l'accès en est facile. L'ennemi, une fois maître de cette position, le serait bientôt de la hauteur d'*Orlando*, d'où il dominerait et pourrait ruiner tous les ouvrages qui défendraient l'entrée du port et la ville de *Pola* : les vaisseaux qui seraient concentrés dans la partie N. E. du port ne seraient point à l'abri du feu de ses batteries.

Il serait aussi indispensable de faire fortifier la presqu'île qui sépare les anses *Lavina* et *Fuora* et la hauteur d'*Orlando*, que l'entrée du port de *Pola*, où l'on avait l'intention de faire relâcher des vaisseaux de ligne dans ce port.

Pola peut être encore attaqué par une escadre qui porterait des troupes de débarquement, d'une manière moins directe et conséquemment moins dangereuse, que par les anses situées dans le S. de la tour d'*Orlando*, par *Veruda*, par l'anse *Suline*, par le canal de *Fasana* et par les petits ports situés près du cap *Promontore*.

Après avoir examiné bien attentivement, et dans le plus grand détail, toutes les parties du port de *Pola,* et avoir pris une connaissance exacte des côtes qui l'avoisinent, nous avons reconnu que ce port, dont le seul aspect charme, réunit les plus grands avantages pour l'établissement de l'arsenal maritime le plus complet.

L'emplacement le plus favorable et le seul peut-être que l'on puisse trouver à *Pola* pour y placer un grand arsenal maritime est la partie occidentale de la ville. On trouverait, je crois, le roc à quelques pouces de la surface de la terre dans la position indiquée ci-dessus, ainsi que dans toutes celles qu'on pourrait lui préférer.

Le fort Carré, qui est situé sur la colline au pied de laquelle est bâtie la ville de *Pola*, passe pour un mauvais ouvrage, et il est abandonné. Mais, comme les remparts en sont en bon état, et que d'ailleurs il y a dedans un puits qui fournit de bonne eau en abondance, il pourrait être disposé pour servir de bagne, dans le cas où l'on commencerait à *Pola* un établissement maritime de quelque importance.

Il m'est impossible d'indiquer rigoureusement combien le port de *Pola* pourrait recevoir de vaisseaux de ligne; mais, comme l'on peut mouiller avec autant de sécurité dans la passe que dans le port même, et que d'ailleurs on peut disposer les moyens d'amarrer à terre 7 ou 8 vaisseaux, je ne crains pas de me tromper en assurant qu'une armée composée de 30 vaisseaux pourrait y tenir avec les bâtiments légers qu'elle aurait à sa suite.

La communication de *Pola* avec Venise dans la belle saison sera toujours facile et prompte en temps de paix; mais il faut convenir qu'elle pourrait être entièrement interceptée en temps de guerre par un ennemi qui serait dans le golfe de Venise avec des forces supérieures à celles qu'on aurait à lui opposer. L'on n'aurait pas même à *Pola*, comme à *Pirano*, l'avantage de pouvoir communiquer au moyen de petites barques, puisqu'il faut, quand on ne fait pas route directe sur Venise, longer une étendue de côtes de 15 lieues pour gagner *Pirano*, le seul point de l'Istrie d'où l'on puisse, ainsi que nous l'avons déjà dit, traverser le golfe avec quelque sécurité.

C'est ici le lieu où il nous paraît important de dire que la côte occidentale de l'Istrie est de toutes les côtes connues celle dont la navigation est la plus aisée. Presque partout on peut l'approcher, et partout à quelques milles au large les vaisseaux de ligne peuvent mouiller par 20 et 30 brasses, sur un fond de vase dure mêlée de coquilles brisées, et tenir contre les plus forts coups de vent de *Borea*, n'ayant guère plus de mer que dans un port. Il résulte de là que *Pola* et tous les ports de la côte de l'Istrie, compris entre la pointe *Salvore* et le cap *Promontore*, peuvent être bloqués avec la plus grande facilité et sans que les ennemis aient à craindre le mauvais temps.

La montée de l'eau dans le port de *Pola* ainsi que dans tous les ports de l'Istrie est peu considérable; elle est de 1, 2, 3 ou 4 pieds, suivant la direction du vent.

Les vents de la partie du S. amoncellent et soutiennent les eaux dans le fond du golfe de Venise, et c'est alors seulement que la mer s'élève de 4 pieds au-dessus de son niveau le plus bas ; quand le vent est de la partie du N., à peine s'aperçoit-on qu'il y a de la marée.

L'heure de l'établissement du port varie ; mais cependant l'on peut dire qu'en général la haute mer arrive à 8ʰ 30ᵐ les jours de nouvelle lune et de pleine lune.

Les bois qui couvrent les parties de la côte qui ne sont pas cultivées ainsi que le grand écueil *Brioni*, ne sont bons que pour le chauffage ; on ne trouvera pas dans ces bois, qui sont presque impénétrables, un seul arbre de 4 pouces de circonférence ; c'est dans l'intérieur de l'Istrie, et particulièrement près de *Porto-Quieto*, que se trouvent les bois propres à la construction des vaisseaux.

Je crois devoir terminer mes observations sur *Pola* en prévenant qu'excepté l'eau, le bois, le vin et l'huile, un vaisseau qui viendrait actuellement en relâche dans ce port n'y trouverait rien ; les vivres y sont rares et d'un prix excessif.

La latitude de la ville de *Pola* a été trouvée de 44° 52' 30" N.

La déclinaison de l'aiguille aimantée a été trouvée de 17° 4' N. O.

PORT DE VERUDA.

Le port de Veruda est un bon abri contre les vents de *Boréa* et de S. E. pour les bâtiments qui naviguent le long de la côte de l'Istrie. Le mouillage y est bon, particulièrement sous le mont *Galera* ; mais, comme l'espace dans lequel on est bien abrité est fort étroit, ce port ne peut servir de retraite qu'à des bâtiments de moyenne grandeur. L'on reconnaîtra, par l'inspection du plan de *Veruda*, qu'une frégate ne doit entrer dans ce port que dans un cas forcé ; encore faudrait-il qu'on eût disposé à l'avance les moyens de l'amarrer à terre sur-le-champ.

Quoique *Veruda* ne puisse point recevoir les grands bâtiments de Sa Majesté, c'est un port dont il est essentiel d'assurer la défense, parce qu'il est près de *Pola* et qu'il offre à l'ennemi un point de débarquement facile, avec un très-grand nombre de bâtiments de transports.

Il y a une assez grande profondeur d'eau du côté du large, près des écueils de *Veruda*, pour qu'un vaisseau puisse les approcher à la portée du fusil et protéger un débarquement.

Le mouillage est excellent sur la côte entre *Pola* et *Veruda*, et c'est là que se tiennent dans la belle saison les bâtiments caboteurs qui attendent un vent favorable pour traverser le golfe *Quarnero*; mais quand le vent de S. E. souffle avec force, l'on y a une grosse mer, et alors, comme on ne peut pas entrer à *Veruda*, il est prudent d'aller se mettre à l'abri dans le canal de *Fasana*.

J'ai trouvé plusieurs sources dans le fond du port de *Veruda*, mais elles donnent une très-mauvaise eau, étant couvertes par la mer à chaque marée. La seule eau potable que l'on puisse se procurer dans ce petit port est celle d'un puits situé au fond de l'anse *Cogoglia*. Il y a une citerne au couvent de *Veruda* dont l'eau suffit à peine aux besoins de la maison.

L'on peut faire du bois à *Veruda*, mais c'est tout ce qu'il est possible de s'y procurer.

CANAL DE FASANA.

Le canal de Fasana, dont on trouvera le plan réuni à une réduction des plans de *Pola* et de *Veruda*, est une position qu'il m'a paru important de bien reconnaître à cause de son voisinage du port de *Pola*.

La partie septentrionale du canal de *Fasana* est un bon mouillage pour un grand nombre de vaisseaux de ligne, dans lequel, avec de bons câbles, l'on est en sûreté par les plus forts coups de vent de *Borea* et de S. E.; l'on peut aussi, en se couvrant des écueils *Brioni*, y mouiller à l'abri des vents de la partie de l'O. Le vent de *Borea* n'occasionne point assez de mer dans ce canal, qui peut être considéré comme la grande rade de *Pola*, pour incommoder un vaisseau.

C'est ordinairement par le N. que l'on vient prendre le mouillage dans le canal de *Fasana*, parce que les passes du S. sont étroites et peu connues.

J'ai mis le plus grand soin dans la reconnaissance du canal de *Fasana* en général, et de la partie du S. en particulier, et j'ai trouvé deux passes assez bonnes, entre l'écueil *Brioni* et la pointe N. de l'entrée de *Pola* (*Punta del Cristo*), par lesquelles un vaisseau qui serait poursuivi pourrait se sauver, dans le cas où il ne lui serait pas possible de gagner le port de *Pola*; mais, comme ces deux passes sont étroites, les vaisseaux et même les frégates ne doivent les pratiquer que dans des cas forcés et avec vent sous vergues; elles peuvent être défendues par des batteries.

Les écueils *Brioni* sont réunis à la grande terre, près et au S. de *Fasana*, par une barre en roches plates sur laquelle on ne peut mouiller sans courir le danger de se jeter à la côte ou de perdre ses ancres. Le plomb de sonde indique mal la qualité du fond sur la barre, parce que les roches sont recouvertes de coquilles brisées presque partout.

Je n'avais pas les moyens nécessaires pour fixer rigoureusement les limites de la barre en roches plates dont je viens de parler; il eût fallu sacrifier 15 à 20 grappins; mais, après m'être assuré de son existence, et, à peu de chose près, de sa largeur, je l'ai tracée sur mon plan.

Le plomb de sonde rapporte presque partout, au S. de la barre en roches plates, des coquilles brisées, ce qui fait qu'il ne peut servir à faire connaître quand on est plus S. que cette barre.

Les pilotes côtiers assurent que le mouillage est assez bon au S. de la barre, mais je ne puis le croire.

Il existe un banc de sable dangereux entre la barre à roches plates et l'écueil *Coseda*, qu'il faudrait indiquer par une bouée si des vaisseaux et des frégates devaient passer par la partie méridionale du canal de *Fasana*.

C'est dans le N. de la barre de *Fasana* seulement, et à peu près à mi-chenal, que doivent mouiller les vaisseaux de ligne; là, le fond est bon partout, c'est ou de la vase, comme à *Pola*, ou des coquilles brisées. Dans les fonds de la première qualité, les ancres ne tiennent que trop; dans les fonds de coquilles brisées, elles tiennent bien aussi et elles se lèvent aisément.

L'on trouve un grand fond et une bonne tenue, partout au S. des écueils *Brioni*, entre ces écueils et le cap *Comparc*, pointe S. de l'entrée de *Pola*; mais, comme dans cette position l'on est exposé aux vents de la partie du S. qui occasionnent une grosse mer, l'on ne doit pas y mouiller sans nécessité.

C'est sous la pointe S. de l'entrée de *Pola*, entre le cap *Compare* et le cap *Brancorso*, qu'est le meilleur mouillage que puissent prendre des bâtiments destinés pour *Pola*, qui, surpris par des vents forcés de l'E. au N. E., ne pourraient gagner le port.

Je n'ose pas me flatter d'avoir fait sur *Pola* et sur les côtes qui sont voisines de ce beau port un travail aussi complet que celui que l'on pourrait désirer, s'il était question de commencer là un établissement maritime; mais je crois en avoir fait assez pour mettre un marin, et particulièrement Son Excellence le Ministre de la marine, à même de juger une position militaire qui m'a paru être bonne.

CANAL ENTRE LES ÎLES OSSERO ET UNIE.

Nous avons traversé, sans pouvoir nous y arrêter, le canal qui sépare les îles Ossero et Unie, et nous avons reconnu qu'il pouvait offrir un bon abri contre le mauvais temps à une grande armée navale. L'on m'a assuré qu'il y avait un bon brassiage et une bonne qualité de fond partout dans le canal d'*Unie*, mais c'est ce dont la position des bâtiments ennemis ne m'a point permis de m'assurer.

Je regrette de n'avoir pas pu entreprendre la reconnaissance hydrographique de ce canal, qui paraît mériter une attention particulière comme point de relâche dans un temps de paix.

CANAL DE ZARA ET DÉTROIT DE PASMAN.

Le canal de *Zara*, qui sépare les îles *Pasman* et *Ughlian* de la grande terre, a environ 30 milles de longueur sur une largeur qui varie entre 2 et 3 milles ; il gît S. E. et N. O.

Ce canal serait compté au nombre des plus beaux, des plus vastes et des plus sûrs mouillages qu'il soit possible de trouver, si le détroit de *Pasman* pouvait être pratiqué par des vaisseaux de ligne.

L'on trouve 40 brasses d'eau dans toute la partie septentrionale du canal de *Zara*, puis le brassiage diminue jusqu'au détroit de *Pasman*, où l'on ne trouve plus que 5 brasses d'eau, et un passage étroit, embarrassé par de petits écueils et des hauts fonds. Au S. du détroit de *Pasman* le canal s'élargit, et l'on retrouve une grande profondeur d'eau.

La qualité du fond est excellente pour le mouillage dans toute l'étendue de ce canal ; c'est ou de la vase dure, ou de la vase mêlée à des coquilles brisées et à du sable.

Une armée navale nombreuse peut se retirer dans le canal de *Zara* et y être à l'abri du plus mauvais temps ; mais comme les vaisseaux de ligne ne peuvent en sortir par le S., et que d'ailleurs on ne pourrait guère les mouiller de manière à être défendus par les batteries de la côte, il en résulte qu'une escadre qui y viendrait en relâche, en temps de guerre, courrait le risque d'être attaquée et détruite au mouillage, ou même d'être brûlée sans pouvoir combattre.

Il suit de ce que nous venons de dire que, malgré la beauté du canal de *Zara* et la sûreté de son mouillage, les vaisseaux de Sa Majesté ne doivent pas le fréquenter en temps de guerre quand ils auront à craindre d'y être attaqués par un ennemi supérieur en forces.

Après avoir parcouru rapidement le canal de *Zara* et en avoir admiré la beauté, je m'étais décidé à en faire la reconnaissance hydrographique la plus complète ; mais quand il me fut démontré que les vaisseaux de sa Majesté ne pouvaient passer par le détroit de *Pasman*, je renonçai à ce grand travail, dont l'exécution eût demandé beaucoup de temps.

PORT DE ZARA.

Le port de *Zara* est petit, mais néanmoins il est assez important. Le plan que nous en donnons fera connaître que, dans un cas urgent, une frégate et même un vaisseau de ligne pourraient s'y réfugier.

Ce port est un excellent abri contre le mauvais temps ; mais il ne faut pas négliger de s'y bien amarrer, car le *Borea* y souffle avec beaucoup de force.

Une espèce de digue sous l'eau nommée *Porporella* défend le port de *Zara* de la grosse mer que pourraient y occasionner les vents de N. O. L'extrémité de cette digue découvre de basse mer, et elle sert alors à indiquer la largeur de la passe qui est entre la roche découverte et le bastion N. E. de la ville.

Il faudrait touer ou plutôt haler soit un vaisseau, soit une frégate que l'on voudrait mettre en sûreté dans le port de *Zara* ; car il n'y pas moyen d'y entrer à la voile avec un gros bâtiment, sans courir le risque d'aller s'échouer sur les roches plates qui bordent le rivage du côté de l'Est.

La qualité du fond dans ce port est une vase dure, mêlée à du gros sable et à des coquilles brisées et dans laquelle l'algue croît en abondance.

En faisant route pour donner dans le port de *Zara*, il faut éviter soigneusement la pointe de roche sous l'eau, qui est à 400 toises dans le N. O. de la ville, et aussi craindre d'approcher le rempart de trop près, à cause des pierres qui en garnissent le pied et qui forment une espèce de digue nommée *Porporella* de même que celle qui ferme le port.

La ville de *Zara* est petite, mais assez jolie ; à l'époque de notre passage, la population en était évaluée à 6,000 âmes, la garnison non comprise.

Cette ville est bâtie sur une petite presqu'île ; mais le fossé qui sépare son enceinte de ses fortifications extérieures l'isole entièrement du continent.

Mais, c'est particulièrement contre une attaque dirigée du côté de la terre que l'on paraît avoir cherché à la garantir ; un ouvrage à cornes, qui s'appuie d'un côté à la mer, et de l'autre côté sur le fond du port, et qui domine toute la campagne, fait sa principale défense. Les fortications qui défendent cette ville du côté de la mer sont en bon état ; mais néanmoins nous ne croyons pas qu'elles puissent résister longtemps à l'effet de l'artillerie d'une escadre qui s'embosserait devant.

On ne trouve plus aujourd'hui d'eau de source dans la ville de *Zara* ; mais on y a construit de grandes citernes qui fournissent abondamment aux besoins des habitants.

Les bâtiments marchands qui fréquentent le port de *Zara* vont faire leur provision d'eau à une source située sur le bord de la mer, près et au S. de la ville. L'eau de cette source est de bonne qualité ; elle ne coule point, mais elle se renouvelle assez promptement, au moins cela m'a été assuré, pour suffire aux besoins d'une escadre. Depuis que l'on a construit des citernes dans la ville de Zara, l'on a négligé l'entretien de la source dont nous venons de parler, ce qui est un très-grand mal. Cette fontaine est connue sous le nom de fontaine de *l'Empereur.*

Le commerce de *Zara* est bien peu considérable, eu égard à sa position. On ne trouve dans cette ville que quelques fabriques de liqueurs. Avant la chute de la République de Venise, c'était à *Zara* que l'on embarquait les bœufs, qui se tiraient de la Turquie, pour l'approvisionnement de la ville de Venise ; mais cette branche de commerce, qui demandait l'emploi d'une vingtaine de grandes barques, est presque entièrement perdue.

Les environs de cette ville, et particulièrement les îles de *Pasman* et d'*Ughlian*, produisent d'excellente huile, des figues et du vin qui serait bon s'il était travaillé avec soin.

Un vaisseau qui irait en relâche dans le canal de *Zara* pourrait s'y procurer de bons rafraîchissements ; mais il serait presque impossible qu'il y renouvelât sa provision de bois en temps de guerre : les environs de *Zara* sont entièrement dégarnis de bois, ainsi que toute la partie de la Dalmatie que nous avons parcourue, les grandes îles et les écueils.

La ville de *Zara* est située par 44° 7' 30'' de latitude.

La déclinaison de l'aiguille aimantée a été trouvée de 16° 55' N. O.

DÉTROIT DE PASMAN.

On donne le nom de détroit de *Pasman* à la partie la plus

étroite du canal de Zara, qui est comprise entre *Pasman* et *Zara-Vecchia.*

Ce détroit, qui a environ 4 milles de longueur et 1 mille de largeur, est obstrué par beaucoup de petits écueils et par des hauts fonds qui en rendent la navigation difficile et dangereuse avec des frégates, et presque impossible avec des vaisseaux de ligne.

Quand nous eûmes terminé la reconnaissance hydrographique du détroit de *Pasman*, il nous fut aisé de juger que le canal de *Zara* ne pouvait être d'une grande importance pour la marine de Sa Majesté : nous ne regrettâmes pas néanmoins le temps que nous avions employé à lever le plan de la seule partie de ce canal dont la navigation présente des difficultés.

Les écueils et les hauts fonds qui se trouvent dans le détroit de *Pasman*, et qui réunissent en quelque sorte l'île *Pasman* à la grande terre, ne sont pas les seuls dangers qu'il y ait à craindre dans cette partie ; l'on a encore à se mettre en garde contre l'effet des courants qui y éprouvent des variations sensibles, et dans leur force et dans leur direction, eu égard à la situation des écueils, au plus ou moins de force du vent et au rumb d'où il souffle.

Les écueils *Babas* et *Comornica*, qui sont situés au milieu du détroit de *Pasman*, forment dans cette même partie deux passes qui pourraient être pratiquées avec des frégates, si elles étaient bien balisées.

La passe de l'O., la plus profonde de ces deux passes, est aussi la plus fréquentée. L'on trouve 25, 26 et 27 pieds d'eau dans sa partie la moins profonde et la plus resserrée, c'est-à-dire entre le village de *Pasman* et la pointe O. de l'écueil *Babas*, où elle a deux encablures de largeur ; mais comme la partie du chenal dans laquelle on trouve ce brassiage n'a guère plus de 30 toises de largeur, et que d'ailleurs le courant porte tantôt sur une côte, tantôt sur l'autre, il en résulte que ce passage ne doit être tenté par un grand bâtiment qu'avec un vent sous vergues assez bon frais pour qu'il soit possible de résister à l'action d'un courant de 3 nœuds.

Le chenal s'élargit au N. du passage étroit dont nous venons de parler et le brassiage augmente promptement ; l'on trouve 35 pieds d'eau par le travers de l'écueil *Comornica.* De petits bâtiments pourraient mouiller dans cette partie de la passe de l'O., mais avec de grands bâtiments l'on ne doit mouiller qu'après avoir dépassé le *Scogliarich.*

Au S. de la partie la plus étroite de la passe de l'O., la navigation est plus difficile qu'au N.; le chenal s'élargit aussi et le fond augmente, il est vrai, jusqu'à 7 brasses, mais il diminue ensuite d'une brasse, et l'on est forcé pour conserver ce dernier brassiage d'aller passer entre les écueils *Babas* et *Fermich*, puis entre *Fermich* et un petit banc de roche isolé qui gît au N. 53° E. de cet écueil, à quatre encablures de distance et enfin entre *Zara-Vecchia* et les écueils *Clanaz* et *Santa-Catterina*. On n'est pas obligé de faire les détours dont nous venons de parler quand on passe le détroit de *Pasman* avec des bâtiments qui tirent peu d'eau; au lieu d'aller passer entre les écueils *Fermich* et *Babas*, l'on passe par 22 pieds sur un haut fond, qui lie *Fermich* et *Zavatu*, puis entre le village de *Cosmo* et l'écueil *Santa-Catterina*. Le mouillage est assez bon sous l'écueil *Babas* dans la partie méridionale de la passe de l'O.; mais avec un grand bâtiment, l'on ne doit mouiller qu'après avoir dépassé les écueils *Clanaz* et *Santa-Catterina*, et particulièrement quand on n'a pas un temps fait.

Le fond, qui est composé d'un sable de différentes grosseurs mélé à des coquilles brisées, dans lequel il croit beaucoup d'algues, se voit si bien dans toutes les parties de la passe de l'O., qu'il semble à chaque instant que l'on aille toucher.

Le changement continuel que l'on remarque dans la couleur du fond, et qui est occasionné par des touffes d'algues, est fait pour inquiéter un marin qui se trouverait pour la première fois avec un grand bâtiment dans la passe de l'Ouest.

La passe de l'E. est plus large que la passe de l'O., mais comme elle est moins profonde et que d'ailleurs le mouillage n'y est pas aussi sûr, elle est peu fréquentée, même par les petits bâtiments.

Nous avons déjà parlé d'un petit banc de roche qui se trouve à la partie méridionale de cette passe dans le N. 53° E. de l'écueil *Fermich*. Ce petit banc est d'autant plus dangereux qu'il ne reste que 9 pieds d'eau dessus, et que l'on trouve 28 et 30 pieds d'eau à le toucher.

Il résulte de ce que nous venons de dire, et l'on pourra s'en convaincre par l'inspection du plan, qu'il y a une assez grande profondeur d'eau, même de basse mer, dans la passe de l'O. du détroit de *Pasman*, pour qu'une frégate puisse s'y engager avec un vent sous vergues bon frais, quand elle sera bien balisée; qu'il y a assez d'eau dans la même passe pour un vaisseau de 74 canons; mais que, vu la difficulté du passage et son peu de largeur entre le village de *Pasman* et l'écueil *Babas*, l'on ne doit jamais y risquer de bâtiments de cet échantillon qu'à la dernière extrémité.

Quand le vent est fort et qu'il est contraire à la marée, il doit y avoir beaucoup de levée dans toutes les parties du détroit de *Pasman*, et particulièrement sur les fonds de 25, 26 et 27 pieds qui forment l'espèce de barre qui réunit la pointe O. de l'écueil *Babas* à l'île *Pasman*.

La montée de l'eau dans le détroit de *Pasman* a été peu considérable pendant la durée de nos opérations, ce qui me porte à croire que l'on ne doit pas compter sur plus de 2 pieds de différence entre le brassiage que l'on obtiendra de haute mer et celui qui est marqué sur notre plan.

Di Lucio, dans sa carte du golfe de Venise, donne des détails extrêmement inexacts sur le détroit de *Pasman* ; il n'a marqué que 18 pieds d'eau dans la partie la plus resserrée de la passe de l'O. et bien certainement il s'est trompé de 7 à 8 pieds.

L'on m'a assuré que la frégate française *la Badine* avait passé par le détroit de *Pasman*.

La latitude de l'écueil *Fermich* a été trouvée de 43° 57' 7'' N.

PORT DE SEBENICO.

La ville de *Sebenico* nous ayant paru mériter par sa situation géographique l'attention particulière du gouvernement, nous nous sommes décidé à faire la reconnaissance la plus complète de son port, et par suite celle de toutes les passes par lesquelles on peut y arriver.

Le port de *Sebenico* est très-vaste ; il a 6 milles de longueur du S. E. au N. O., sur une largeur qui varie entre 200 et 500 toises ; c'est un petit bras de mer qui pourrait contenir l'armée navale la plus nombreuse.

Le brassiage varie entre 15 et 25 brasses dans toute l'étendue de ce port ; et la vase qui forme la qualité presque générale de son fond est de bonne tenue, aussi l'on peut dire affirmativement que ce serait un bon abri pour les vaisseaux de Sa Majesté.

On pénètre dans le port de *Sebenico* par un goulet fort étroit long de 1,400 toises, dans lequel la navigation serait difficile avec des vaisseaux de ligne, mais non pas impossible, comme on pourrait être porté à le croire d'après un premier examen. La profondeur de l'eau est trop considérable dans le goulet

(20 et 23 brasses) et ce goulet est d'ailleurs trop étroit pour qu'un vaisseau qui y entrerait à la voile pût y mouiller sans courir le risque d'aller s'échouer sur les roches qui bordent les côtes, avant que ses ancres eussent atteint le fond.

Ce goulet ne pourra être fréquenté avec des vaisseaux que quand l'on aura préparé dans toute sa longueur les moyens de les amarrer à terre, et aussi de les haler jusqu'à l'ouvert du port. Il serait imprudent d'essayer de pénétrer à la voile dans l'intérieur du port de *Sebenico*, avec un vaisseau et même avec une frégate, avant que l'on eût disposé dans le goulet des moyens d'amarrage et de halage, car, à moins d'avoir le vent de l'arrière et grand frais, l'on courrait le risque d'être jeté sur l'une ou sur l'autre côte par la plus faible risée qui viendrait du travers.

La bouche orientale du goulet n'a pas plus de 65 toises de largeur et les rochers de chaque côté sont très-élevés ; ce serait là particulièrement qu'il faudrait disposer des moyens d'amarrage pour les vaisseaux, puisque souvent il arrive, qu'après avoir parcouru le goulet vent arrière, on trouve à l'entrée du port des vents qui en suivent la direction et qui empêchent d'aller au mouillage ; quelquefois aussi on peut y être pris par le calme.

Les eaux de la *Kerka* se jettent dans le port de *Sebenico*, après avoir traversé le lac *Proclian*, et elles occasionnent dans la saison des pluies un courant qui est quelquefois assez fort pour augmenter les difficultés de la navigation du goulet. Ce courant, qui facilite la sortie du port, était à peine sensible à l'époque à laquelle nous fîmes nos opérations.

Après avoir considéré attentivement à quels dangers s'exposerait un ennemi qui voudrait pénétrer dans le port de *Sebenico* par un goulet long de 1,400 toises et qui n'est pas direct, qui nulle part n'a plus de 100 toises de largeur, et qui d'ailleurs est défendu à sa partie occidentale par un excellent fort, nous croyons pouvoir dire que ce port est inattaquable par mer, et que sous ce seul point de vue il mériterait déjà la plus grande attention.

C'est sous la côte orientale du port de *Sebenico* seulement que l'on doit mouiller, à cause du vent de *Borea*, et autant qu'il est possible, il faut amarrer à terre. L'on est bien abrité sous la ville de *Sebenico*, mais il faut faire attention à ne point laisser tomber l'ancre sur un banc de corail qui se trouve dans cette partie.

Ce banc de corail, sur lequel il reste au moins 44 pieds d'eau, tient à la ville de *Sebenico*, près de la Santé. Il a 200 toises de longueur du S. E. au N. O., et il s'étend à 100 toises au large du quai. On peut mouiller sous la ville au N. et au S. de ce banc, ainsi que le plan le fera connaître ; on peut aussi amarrer près de la Santé, et en élongeant une bonne touée, mouiller l'ancre du large en dehors du banc de corail.

Nous avons encore trouvé un autre banc de roches et de corail, près de la côte orientale du port, à l'ouverture des anses *Madalena* et *Propat*, qui a, comme celui situé près de la ville, 200 toises de longueur du S. E. au N. O. sur 100 toises de largeur ; ce banc est plus dangereux que le premier, parce qu'il est en grande partie de roches et qu'il a une élévation sur laquelle il ne reste que 27 pieds d'eau.

Un fond de roche qui fait suite à la pointe méridionale de l'entrée du port est le seul danger qu'il y ait à la côte occidentale.

Ce fond, qui s'étend à 150 toises au large, est encore dangereux à 80 toises de la côte ; le plan en fera bien connaître et la position et l'étendue : quand, en sortant du goulet, il sera possible de porter directement sur la ville de *Sebenico*, on évitera ce danger. Cette pointe de roche deviendrait à craindre dans le cas où l'on serait contrarié par le vent, par le calme ou par les courants, et qu'il serait impossible d'aller au mouillage sous la ville ; c'est pourquoi il faudrait préparer à l'entrée du goulet les moyens d'amarrer les grands bâtiments.

La ville de *Sebenico* est bâtie en amphithéâtre sur le pied des monts *Tartari*, et les murs en sont baignés par la mer ; elle est d'un aspect assez pittoresque, et l'on voit dans son intérieur quelques beaux bâtiments ; mais il s'en faut que ce soit un séjour agréable. Cette ville qui contient environ 8,000 âmes, est située d'une manière avantageuse pour faire le commerce avec les provinces septentrionales de la Turquie, et l'on a lieu d'être étonné que, réunissant à cet avantage celui d'avoir un bon port, elle ne soit pas arrivée à un haut degré de prospérité.

L'on ne trouve point d'eau de source dans la ville de *Sebenico*, et les citernes y sont si peu multipliées, qu'à peine suffisent-elles aux besoins des habitants dans les très-grandes sécheresses. L'eau dont nous avons fait usage pendant la durée de nos opérations a été tirée du puits du fort qui défend l'entrée occidentale du goulet (le fort *San-Nicolo*) : ce puits fournit de l'eau excellente, et, s'il est vrai qu'il ne tarisse jamais, ainsi que la chose m'a été assurée, il deviendrait d'une grande ressource dans le cas où les bâtiments de Sa Majesté qui seraient à *Sebenico* ne pourraient pas envoyer faire leur eau à *Vodice*, le seul endroit de toute la côte où il soit possible de s'en procurer en grande abondance. En cas de besoin, on pourrait, je pense, envoyer aussi faire de l'eau à l'embouchure des rivières qui se jettent dans le lac *Proclian*. L'on m'a assuré qu'en faisant des recherches dans les environs de *Sebenico*, il serait possible de retrouver des sources dont les eaux étaient anciennement amenées dans cette ville ; mais je sais si bien quel degré de confiance l'on peut avoir dans ces rapports, que je n'oserais assurer que la ville de *Sebenico* ait effectivement joui de l'avantage inappréciable d'avoir des eaux salutaires et abondantes.

La campagne est aride et peu peuplée aux environs de *Sebenico*, mais néanmoins nous avons trouvé le marché de cette ville assez abondamment pourvu de légumes et de fruits. L'on tire de la Bosnie la quantité de bœufs qui est nécessaire pour la consommation journalière, et, en cas de besoin, il serait aisé d'en avoir un plus grand nombre. Les moutons du pays sont bons, l'huile est excellente, et le vin serait bon s'il était travaillé ; ainsi donc, nous pouvons dire qu'un vaisseau qui viendrait en relâche dans le port de *Sebenico* s'y procurerait de bons rafraîchissements. Nous croyons devoir ajouter néanmoins qu'une escadre un peu nombreuse affamerait le pays, si l'on n'avait pas préparé, avant de l'y envoyer, la majeure partie des approvisionnements dont elle pourrait avoir besoin. Sous le rapport des approvisionnements, il n'en serait pas des ports de la Dalmatie comme des ports de l'Istrie : ceux-ci pourraient presque toujours être secourus en temps de guerre par l'Italie ; tandis que les autres pourraient être bloqués de manière à ce que rien n'y pût arriver par mer.

Les difficultés que l'on rencontrerait pour pénétrer dans le port de *Sebenico* avec un vaisseau de ligne n'étant point invincibles, et ce port d'ailleurs présentant aux bâtiments de Sa Majesté un abri assuré, et contre le mauvais temps et contre les forces navales les plus redoutables, il en résulte qu'il doit être considéré comme une position militaire de la plus haute importance, et qu'il serait possible d'y établir un arsenal maritime.

La presqu'île qui sépare les anses *Madalena* et *San-Pietro* me paraît être le lieu qu'il conviendrait de choisir pour placer un établissement maritime.

Nous n'avons pu nous procurer de renseignements positifs sur les vents qui peuvent être à craindre dans le port de *Sebenico*, parce que ce port est très-peu fréquenté des marins : on nous a parlé néanmoins de la force du *Borea*, de manière à nous faire croire qu'il ne faudrait négliger aucune des précautions que l'on prend contre ce terrible vent dans tous les ports de l'Istrie et de la Dalmatie. Il est d'autant plus nécessaire de se bien amarrer à terre, que le port est cerné de toutes parts de roches sur lesquelles dans un coup de vent un vaisseau serait brisé en quelques minutes.

Di Lucio, dans sa carte du golfe de Venise, que nous avons déjà eu occasion de citer, marque 25 pieds d'eau à l'entrée du goulet de *Sebenico*, où nous n'avons pas trouvé moins de 128 pieds de profondeur.

Je voudrais pouvoir donner, avant de terminer cet article, une juste idée de la sensation que l'on éprouve en entrant pour la première fois dans le port de *Sebenico*, mais la chose est presque impossible : que l'on se représente néanmoins ce port immense bordé de toutes parts par des rochers nus, dont les couches tantôt horizontales, tantôt plus ou moins inclinées et quelquefois perpendiculaires, annoncent un grand bouleversement ; des collines rocailleuses, dénuées de verdure à l'occident ; les monts Tartari plus arides encore, s'il est possible de le dire, à l'orient, et l'on aura une légère idée de ce lieu véritablement sauvage. La vue, fatiguée d'un aspect si désagréable, ne trouve à se reposer que sur la seule ville de *Sebenico*.

PASSES DE SEBENICO.

Nous avons fait dans le plus grand détail, ainsi que notre plan le fera connaître, l'examen des différentes passes par lesquelles on peut arriver à l'entrée du goulet de *Sebenico*, et nous avons reconnu avec satisfaction que l'on pouvait naviguer aisément au milieu de ce grand nombre d'îles et d'écueils qui semblent défendre l'approche de l'un des beaux ports de la côte orientale du golfe de Venise.

L'on peut pénétrer avec des vaisseaux de ligne par le N., par l'O. et par le S. dans le canal de *Sebenico* qui sépare les îles *Provichio* et *Slarina* du continent, et c'est dans ce canal, qui a 6 milles de longueur du S. E. au N. O., sur une largeur qui varie entre 400 et 600 toises, que se trouve l'entrée du goulet du port de *Sebenico*.

Passe de l'Ouest.

La passe de l'O. est située entre les îles *Slarina* et *Provichio* ; elle est la plus directe des trois passes par lesquelles les vaisseaux de ligne pourraient parvenir à l'entrée du goulet, mais ce n'est pas néanmoins celle qu'il faudrait préférer dans toutes les circonstances, ainsi que nous le ferons connaître bientôt.

Cette passe, qui est plus large que les deux autres, est embarrassée par deux bancs de roches qui la rendraient dangereuse, s'ils n'étaient indiqués par des balises. Le vrai chenal est entre le petit écueil *Provichio* et celui des deux bancs, qui découvre en partie de basse mer, et qui est le plus éloigné de la pointe N. E. de *Slarina*. On trouve jusqu'à 110 pieds d'eau entre ces deux points, puis le fond va en diminuant jusqu'à l'accore du banc qui tient à la grande terre, et qui limite à l'orient la partie du canal dans laquelle il y a assez d'eau pour les grands bâtiments. Le plan qui est joint à ce rapport [1] fera si bien connaître les petits détails de la passe de *l'O.*, que nous dirons seulement, pour terminer cet article, que, quand on sera parvenu dans le milieu du canal par cette passe, il faudra faire route au S. E. pour aller se mettre au vent de l'entrée du goulet, manœuvre qui serait impossible de mauvais temps, et même par un beau temps si l'on avait vent contraire ; car il n'y a pas assez d'espace pour louvoyer dans la partie septentrionale du canal de *Sebenico*. Dans ces deux cas, il faudrait mouiller entre le continent et *Provichio*, et attendre un moment favorable pour aller dans le goulet.

Il ne serait pas prudent de tenter l'entrée du canal par la passe de l'O., avec un vent de S. E. forcé, parce qu'il y aurait à craindre de tomber sous le vent du petit écueil *Provichio*, soit par l'effet de la dérive, soit par l'effet de la violence du vent ; d'ailleurs cette manœuvre deviendrait inutile, puisqu'il serait toujours impossible, en supposant que l'on donnât dans le canal de *Sebenico*, de gagner l'ouvert du goulet.

Passe du Sud.

La passe du Sud, qui a 1 mille de longueur et dont la direction est N. et S., sera sans contredit celle des trois passes qui méritera la préférence de la part des marins qui connaissent

---

[1] N° 275 de l'Hydrographie française.

avec quelle continuité le vent de S. E. souffle dans ces parages pendant la mauvaise saison. Elle est limitée à l'O. par la pointe orientale de *Slarina*, et à l'E. par les deux petits écueils qui sont les plus proches de cette île et que nous désignons sur le plan par les lettres A, B.

Cette passe, qui n'a guère plus de trois encablures de large, et dans laquelle d'ailleurs on trouve un trop grand brassiage pour y pouvoir mouiller par un vent forcé, sans courir le risque d'être jeté à la côte avant que les ancres aient atteint le fond, ne peut être pratiquée qu'avec vent sous vergues, et elle est préférable néanmoins aux passes de l'O. et du N., 1° parce qu'elle est limitée et bien indiquée à l'O. par la côte de *Slarina* qui est saine, et à l'E. par les écueils A, B ; 2° parce que sa direction permet de s'y engager avec les vents de la partie du S.; 3° parce que tous les vents qui permettent d'entrer dans le canal par cette passe, permettent aussi de donner dans l'entrée du goulet de *Sebenico*, dont la première direction est aussi, à peu de chose près, N. et S.; 4° enfin, parce que, dans le cas où le gros temps ne permettrait pas de tenter l'entrée de *Sebenico*, on aurait l'avantage de pouvoir mouiller dans la partie méridionale du canal de *Sebenico*, laquelle est la plus large, et même, en cas de besoin, d'aller prendre, en passant en dedans du canal, le mouillage dans la rade de *Vodice*, à l'abri de la pointe N. de l'île *Provichio*.

Nous avons sondé avec le plus grand soin toutes les petites passes formées par les écueils qui sont situés entre la pointe N. du port de *Sebenico-Vecchio* et la pointe S. de l'île de *Slarina*, ainsi que les environs de l'écueil *Crapano* ; mais nous renvoyons à notre plan pour prendre connaissance des détails de cette partie, qu'il serait presque impossible de faire connaître dans un rapport, et qui néanmoins deviendraient précieux, si l'on formait à Sebenico un établissement militaire de quelque importance.

Passe du Nord.

L'espace de mer qui est compris entre la pointe N. de *Provichio* et le village de *Vodice* forme ce que nous appelons ici la passe du N. de *Sebenico* ; c'est l'un des meilleurs mouillages de la côte de la Dalmatie, et il est connu des marins sous le nom de *Vodice*. Cette rade mérite d'autant plus d'attention que les vaisseaux peuvent y venir mouiller en sortant du port de *Sebenico*, pour faire leur provision d'eau à la fontaine du village de *Vodice*, laquelle fontaine est renommée, quoique l'eau ne nous en ait pas paru aussi bonne que celle du puits du fort de *San-Nicolo*.

Il y a bon brassiage dans la partie du canal *Sebenico* qui communique avec la rade de *Vodice*; mais néanmoins, comme la partie navigable pour des vaisseaux n'a pas plus de 4 encablures de largeur, il serait impossible de la pratiquer autrement qu'avec un vent sous vergues, soit pour venir de *Sebenico* à la rade de *Vodice*, soit pour aller de cette rade à *Sebenico*. Nous n'avons pas trouvé moins de 35 pieds d'eau dans la partie la plus resserrée de la passe du N., où Di Lucio marque seulement 15 pieds. Le fond est de bonne qualité pour le mouillage dans la partie septentrionale du canal de *Sebenico*, et en cas de besoin l'on pourrait y laisser tomber l'ancre; mais il vaudra toujours mieux, quand la chose sera possible, ne mouiller que dans la rade de *Vodice*, ou dans la partie méridionale du canal, entre la passe du S. et l'entrée du goulet.

La navigation sera assurée dans le canal de *Sebenico* quand on aura indiqué par des bouées les accores du banc qui tient à la côte, depuis *Vodice* jusqu'à la pointe N. du goulet de *Sebenico*, et les deux dangers de la passe de l'Ouest.

Nous renvoyons au plan pour les petits détails des environs de la passe du Nord. Un sable blanc, plus ou moins gros, mêlé de coquilles brisées, et dans lequel croît l'algue marine, forme la qualité presque générale du fond dans le canal de *Sebenico*, et dans les trois passes par lesquelles on peut y arriver; dans quelques points seulement on rencontre un peu de vase.

Il résulte de ce que nous venons de dire, tant sur le canal de *Sebenico* que sur les passes par lesquelles les vaisseaux de ligne peuvent y entrer, que le port de *Sebenico* jouit de l'avantage inappréciable d'avoir, en avant de son goulet, un beau canal, dans lequel on peut mouiller et attendre un vent favorable pour pénétrer dans le port; que la plus large et la plus directe des trois passes dont nous venons de parler est celle de l'O., mais que la plus sûre est la passe du S., en ce que le vent, qui permet de donner dans cette passe, permet aussi l'entrée du goulet du port.

La rade de *Vodice* est située d'une manière d'autant plus avantageuse par rapport à *Sebenico*, qu'elle serait un abri assuré pour les vaisseaux qui, devant se rendre dans ce port, n'oseraient pas tenter l'entrée du canal, par les passes du S. et de l'O., avec les vents forcés de la partie du Sud. Cette rade pourrait être

défendue par des batteries placées sur l'île *Provichio* et sur
la pointe de *Vodice*.

Les passes de l'O. et du S. pourraient être défendues aussi
avec quelque avantage, c'est ce que le plan fera connaître. Le
fort *San-Nicolo* serait d'une bonne défense pour un bâtiment
qui viendrait mouiller près de l'entrée du goulet de *Sebenico*.

La côte orientale du canal de *Sebenico* est bien cultivée, depuis *Crapano* jusqu'au village de *Trebocconi*; mais l'île *Provichio*
l'est beaucoup mieux encore : cette île, quoique rocailleuse,
est entièrement couverte de vignes, d'oliviers, de mûriers, etc.
C'est un magnifique jardin dans lequel se trouvent deux beaux
villages. L'île de *Slarina*, vue du côté de l'E., présente aussi
l'aspect extraordinaire de rochers couverts de vignes, d'oliviers et de mûriers; mais, du côté de l'O., elle est d'une aridité qui peut être comparée à celle des collines qui avoisinent
le port de *Sebenico*. Le village de *Slarina* est situé d'une manière agréable, dans le fond d'une anse qui peut servir de
retraite à de petits bâtiments contre les vents du S. E. Nous
avons trouvé dans ce village, le seul qu'il y ait dans l'île, une
source abondante, mais dont l'eau est saumâtre.

Le petit écueil *Crapano*, sur lequel il y a un couvent et un
village habité par une centaine de pêcheurs, est aussi assez bien
cultivé.

Le village de *Vodice* est assez considérable, et les maisons
en sont bien bâties; les habitants de ce village paraissent être
dans l'aisance, ce qui tient sans doute plus encore à la grande
quantité de bâtiments qui viennent faire de l'eau dans ce lieu
qu'à la fertilité du territoire.

Le village de *Trebocconi* est petit, et ses habitants paraissent
misérables.

La latitude de la pointe N. O. de *Slarina* a été trouvée de
43° 42′ 28″ N.

La déclinaison de l'aiguille aimantée a été trouvée au même
point de 16° 16′ N. O.

SUR LES ATTERRAGES DE SEBENICO.

Il eût fallu lever en quelque sorte le plan de la partie de la
Dalmatie, comprise entre la pointe de la *Planca* et l'île *Grossa*,
pour acquérir la connaissance de toutes les passes par lesquelles on peut arriver de la pleine mer sur les îles *Slarina* et
Provichio; mais nous ne pûmes entreprendre ce travail im-

mense, dont l'exécution demandait beaucoup de temps, de grands moyens, et notamment de la sécurité.

Si nous ne pûmes porter nos recherches sur les atterrages de *Sebenico* au delà de *Capriza* et de *Bice* du côté du N. et de l'O., au moins avons-nous la satisfaction d'avoir fait sur les atterrages du même port du côté du S. tout ce qui était rigoureusement nécessaire.

L'atterrage est sûr et facile entre la pointe de la *Planca* et l'île *Slarina*, parce que, dans cette partie, l'on peut approcher la côte d'assez près pour la bien reconnaître, quand on a eu l'occasion de la voir seulement une fois.

L'on a pour points de reconnaissance, la vue de l'île *Zuri*, qui ne peut se confondre avec aucune autre île, soit en venant du N., soit en venant du S.; l'interruption, dans l'espace de 6 lieues, de la chaîne d'îles et de grands écueils qui semblent cerner la côte de la Dalmatie; la vue de l'île *Lissa*, du rocher *Pomo*, etc.; et, en approchant la côte, la vue de l'île *Slarina*, du village de *Cao-Cesto*, des écueils de *Rogosnizza*, etc., etc.

Il existe, entre *Rogosnizza* et *Cao-Cesto*, plusieurs petits rochers connus sous le nom générique d'écueils de *Cao-Cesto*, à terre desquels les grands bâtiments ne doivent pas passer, parce qu'il y a des bancs de roche dont nous n'avons pu déterminer la position. Quand on sera rendu près et à l'O. du plus septentrional de ces petits écueils, la passe du S. de *Sebenico* sera ouverte, et l'on pourra faire route directe pour entrer par cette passe dans le canal de *Sebenico*. Dans le cas où l'on voudrait faire route du même point pour gagner la rade de *Vodice*, on gouvernerait sur la pointe méridionale de l'île *Slarina*, jusqu'à ce que l'on fût à l'ouvert du canal qui sépare cette île et *Provichio* de *Bice*, de *Capriza* et des petits rochers qui s'étendent dans le S. E. de cette dernière île.

Nous avons trouvé un grand brassiage entre les rochers qui sont situés dans le S. E. de *Capriza;* mais néanmoins nous conseillons aux navigateurs qui fréquentent ces parages avec des vaisseaux de ligne de ne pas pas passer au milieu d'eux, et de se défier particulièrement d'une sèche qui se trouve à la pointe S. de celui de ces écueils qui est le plus près de la pointe méridionale de *Slarina*.

Les bâtiments qui naviguent dans le golfe de Venise devant se tenir en garde contre le *Borca*, s'engagent presque toujours dans les canaux formés par les grandes îles de la Dalmatie, où ils trouvent à chaque pas de bons abris; et c'est pourquoi les

environs de *Sebenico* sont très-fréquentés. Nous avons examiné
le canal qui sépare *Capriza* de *Bice;* il est bon.

Les bâtiments de toutes les grandeurs qui viendront à *Sebenico,* ou qui sortiront de ce port par les canaux du N., doivent éviter un petit rocher situé dans l'O. de *Trebocconi.* Ce
rocher couvre et découvre, et il est connu sous le nom de
Botticella.

La montée de l'eau est aussi peu considérable à *Sebenico* et
dans les environs de ce port que dans les autres parties de la
Dalmatie que nous avons visitées.

La navigation de cette partie de côte, dégagée d'îles et de
grands écueils, sur laquelle nous conseillons de venir atterrir
avec les grands bâtiments qui seraient destinés pour *Sebenico,*
est fort dangereuse en temps de guerre, même pour les plus
petites barques, parce que c'est là où les croiseurs ennemis se
tiennent le plus communément. Une partie de l'escadre russe
est restée dans les environs de Cao-Cesto pendant toute la dernière guerre, pour empêcher les convois d'arriver à Spalatro
et à Raguse.

PORT DE ROGOSNIZZA.

Le port de *Rogosnizza* m'a paru mériter quelque attention,
parce qu'il est situé près et au N. de la pointe de la *Planca,* et
qu'il pourrait être mis en état de défense pour servir de retraite aux petits bâtiments qui seraient inquiétés par les ennemis, en passant la seule partie de la côte de la Dalmatie qui
ne soit point cernée par des îles et de grands écueils.

L'écueil *Rogosnizza* divise ce port en deux parties, l'une
orientale et l'autre occidentale. Le bras oriental a 1,400 toises
de longueur du N. au S., et environ 400 toises de largeur. Le
bras occidental a 500 toises de longueur du N. au S., et 200 toises de largeur.

La qualité du fond dans les deux bras du port de *Rogosnizza*
est assez bonne, c'est du sable de différentes grosseurs mêlé à
des coquilles brisées; mais l'on trouve du corail mêlé à des
coquilles et à du gros gravier dans la passe.

Le brassiage est trop considérable dans le bras occidental du
port, vu son peu de largeur, pour qu'un grand bâtiment pût y
aller mouiller.

Le brassiage du bras oriental est considérable aussi (15 à
20 brasses); mais comme il y a une plus grande largeur que

dans l'autre partie du port, ce serait là le seul endroit où pourraient se réfugier de grands bâtiments que des circonstances majeures obligeraient à éviter la rencontre de l'ennemi. On pourrait disposer dans beaucoup d'endroits les moyens d'amarrer à terre.

La passe de *Rogosnizza*, qui court E. S. E. et O. N. O., est trop étroite pour qu'un grand bâtiment puisse s'y engager avec vent contraire sans courir quelque danger. Le fond en est d'ailleurs d'une si mauvaise qualité et le brassiage si considérable, qu'il serait aussi imprudent d'y mouiller que d'y louvoyer.

Nous nous croyons fondé à dire, vu la direction de la passe et son peu de largeur, vu aussi la direction des deux bras du port par rapport à la direction de la passe et le peu de largeur du bras oriental, dans lequel seul pourraient se retirer de grands bâtiments : 1° que ce port serait d'un accès difficile en tout temps ; 2° qu'il serait impossible d'y entrer avec les vents reconnus pour dangereux dans le golfe de Venise, tels que le *Borea* et le vent de S. E., pour peu que ces vents eussent acquis de la force ; 3° que, même en donnant dans la passe avec vent arrière, l'on ne serait pas assuré de pouvoir aller mouiller à l'abri de la mer sous l'île *Rogosnizza* en mettant au plus près, bâbord amures ; 4° enfin, que tout bâtiment qui ne pourra louvoyer sans danger dans un chenal qui n'a pas plus de trois encablures de largeur ne doit tenter l'entrée de ce port que dans le plus pressant besoin.

Le village qui est situé sur l'écueil de *Rogosnizza* est assez considérable ; mais les habitants en sont pauvres ; ils vivent en grande partie du produit de la pêche.

Le pays est d'une aridité extrême dans les environs du port de *Rogosnizza ;* aussi les hommes qui l'habitent ont-ils beaucoup de mal à se procurer le plus strict nécessaire ; nous n'y avons pas même trouvé d'eau douce.

Le port de *Rogosnizza* peut être défendu de manière à ce que les ennemis ne puissent rien tenter contre les bâtiments qui s'y seraient retirés. C'est un poste militaire qui peut favoriser le passage des convois en temps de guerre, et c'est sous ce seul rapport qu'il mérite l'attention du gouvernement.

Notre plan fera bien connaître tous les détails de l'intérieur du port, ainsi que les rochers qui se trouvent près de l'entrée.

La latitude de la pointe méridionale de l'écueil de *Rogosnizza* est de 43° 31' N.

Déclinaison de l'aiguille aimantée, 16° 4' N. O.

PORT DE SPALATRO.

Le port de *Spalatro* jouit, parmi les marins qui fréquentent le golfe de Venise, d'une réputation qui m'a imposé l'obligation de le visiter. J'avais senti de quelle importance il eût été pour le gouvernement d'avoir un port capable de recevoir des vaisseaux de ligne, dans le lieu de la Dalmatie où se fait le plus grand commerce avec la Bosnie, et où il est le plus facile de se procurer des rafraîchissements; mais, cette fois encore, je fus trompé dans mon attente, car l'on pourrait dire en quelque sorte qu'il n'y a point de port à *Spalatro*. Ce que l'on appelle le port de *Spalatro* n'est autre chose qu'une anse de 500 toises d'ouverture et de 400 toises de profondeur, bordée de toutes parts par des roches plates dont quelques-unes sont sous l'eau, et au fond de laquelle est située la ville de *Spalatro*. Une vase dure, dans laquelle la tenue est excellente, forme la qualité générale du fond dans cette anse; et comme le brassiage, d'abord assez considérable à l'entrée (10 brasses), diminue progressivement, il en résulte que l'on pourrait y tenir à l'ancre par les vents de la partie du S. qui y occasionnent une très-grosse mer, si toutefois l'on était muni de bons câbles.

Les petits bâtiments qui fréquentent le port de *Spalatro* trouvent un abri sous la ville, en dedans d'un môle qui les couvre des vents et de la mer du large; mais ceux qui tirent plus de 8 pieds d'eau et qui ne peuvent entrer dans la darse courraient le risque d'aller se briser, soit sur le môle, soit sur les roches plates du fond du port, dans le cas où leurs câbles viendraient à casser.

Il y a un assez grand brassiage entre les pointes extérieures du port de *Spalatro* et assez d'espace, vu la bonne qualité du fond, pour qu'un vaisseau de ligne puisse au besoin venir mouiller sous la protection des batteries qui défendent *Spalatro* du côté de la mer; mais c'est une position dans laquelle néanmoins nous ne conseillons pas de rester sans nécessité.

L'on trouve à la partie occidentale de la ville des sources sulfureuses dont les eaux, qui sont abondantes, exhalent une odeur fétide. Les habitants de *Spalatro* font usage d'eau de citernes et de puits.

La ville de *Spalatro* est petite, mais elle est très-peuplée. Le commerce y attire un grand nombre de petits bâtiments, et les ruines du palais de Dioclétien quelques curieux.

Latitude de l'extrémité occidentale du môle, 43° 29′ 49″.

Déclinaison de l'aiguille aimantée, 16° 37′ 32″ N. O.

Le 20 septembre, au moment où je me disposais à faire voile pour les bouches du *Cattaro*, position que Son Excellence le Ministre de la marine m'avait particulièrement ordonné d'aller visiter, je fus averti par M. le provéditeur général de la Dalmatie que les hostilités allaient recommencer avec les Russes, qu'une escadre anglaise venait d'entrer dans le golfe de Venise, et enfin qu'un brick de la même nation avait déjà visité un bâtiment autrichien sur la pointe de la Planca.

Ces nouvelles fâcheuses me décidèrent à quitter sur-le-champ Spalatro, et même la côte de la Dalmatie, où je n'avais plus le moindre espoir d'employer utilement le reste de la belle saison, pour aller sur la côte de l'Istrie essayer de faire quelques opérations qui eussent servi à donner de l'ensemble à la première partie de mon travail.

J'arrivai à Pola le 26 septembre. Je quittai ce port le lendemain au point du jour, et à 8 heures du matin j'eus connaissance d'une frégate anglaise qui longeait la côte de très-près. Cette rencontre me fit juger qu'il fallait que je songeasse à sauver le travail que j'avais eu le bonheur d'exécuter en présence des bâtiments russes, plutôt qu'à en entreprendre un nouveau sous les yeux de l'ennemi qui venait d'entrer dans le golfe; et, en conséquence, je fis route pour Pirano, d'où j'étais assuré de pouvoir gagner Venise, quels que fussent d'ailleurs le nombre et la position des bâtiments en croisière dans les environs de ce port.

Paris, le 1er juillet 1807.

Signé BEAUTEMPS-BEAUPRÉ.

IIe RAPPORT.

CAMPAGNES DE 1808 ET 1809.

La mission dont je vais faire connaître le résultat avait pour but la reconnaissance hydrographique du golfe de Cattaro et des environs de Raguse.

Les circonstances n'étaient pas favorables, lors de mon arrivée en Dalmatie, pour l'exécution du travail dont je me trouvais chargé ; mais les difficultés qu'il a fallu vaincre n'étaient point de nature à nuire à l'exactitude de mes opérations, elles ne pouvaient que les retarder ; aussi, les plans qui accompagnent ce rapport ont-ils tout le degré de précision que comporte l'emploi de la méthode qui m'est particulière pour lever et construire les cartes et plans hydrographiques.

J'ai levé dans le plus grand détail et j'ai examiné avec attention toutes les parties d'une côte qui m'a paru offrir une position maritime importante. Mais, avant de commencer l'exposé des connaissances que j'ai acquises dans mon dernier voyage en Dalmatie, il est nécessaire de rappeler ce que j'ai écrit, en 1806, sur l'effet des vents et des marées dans le golfe de Venise [1].

Tous les détails contenus dans cet article étaient plus encore le résultat de l'expérience de M. Tician que de mes premières observations ; ils sont exacts et j'aurai peu de chose à y ajouter pour le rendre complet.

VENTS.

J'ai eu la preuve que c'était particulièrement vers la fin de l'hiver, quand il succédait aux vents de S. E. forcés, que le *Borea* soufflait avec le plus de violence. Les rafales qui descendent alors des montagnes arides qui bordent la côte orientale du golfe de Venise sont si impétueuses que l'on est étonné de voir quelque chose qui puisse leur résister. Un vaisseau serait certainement démâté s'il était surpris, toutes voiles dehors, par une de ces rafales.

Le vent de *Borea* dissipe ordinairement les nuages et la brume ; mais pendant l'hiver, il est quelquefois accompagné de neige, et alors il fait un froid très-vif et un temps affreux.

---

[1] Voyez pages 4 à 6.

Quand des nuages blancs isolés s'attachent aux montagnes de la Dalmatie, du côté de la mer, le *Borea* ne tarde pas à commencer. Les nuages ne se détachent de la montagne qu'au moment où ce vent, vraiment terrible, perd sa force et va finir.

Le vent de S. E. ou *Scirocco* a fixé particulièrement mon attention, pendant mon dernier voyage, non-seulement parce qu'il est le vent régnant du golfe de Venise, mais parce qu'il rend l'entrée et la sortie du Cattaro extrêmement dangereuses, pendant plusieurs mois de l'année. Il souffle presque sans interruption et il est accompagné de brumes tellement épaisses et de pluies si abondantes pendant les mois d'octobre, de novembre, de décembre et de janvier, qu'il arrive souvent aux navigateurs d'entendre briser les vagues sur la côte avant de l'avoir aperçue.

En quelque saison que le vent de S. E. souffle, les terres se couvrent de brumes ; mais c'est seulement pendant l'hiver qu'elles sont entièrement cachées, et qu'il devient dangereux de s'approcher de la côte.

Les marins savent, et je me suis convaincu, que quand les nuages portent de l'O. à l'E. ou du S. O. au N. E., le vent de S. E. doit se faire sentir immanquablement dans le golfe de Venise, au bout de deux ou trois jours.

On a encore la certitude que ce même vent doit souffler, quand on voit les eaux de la mer s'élever au-dessus de leur niveau ordinaire et le courant constant qui porte du S. E. au N. O. le long de la côte orientale du golfe de Venise acquérir de la vitesse. Si le vent de S. E. cesse et que les nuages continuent à porter de l'O. à l'E., ou du S. O. au N. E., c'est un indice certain qu'il doit reprendre très-promptement.

On ressent, toutes les nuits, des brises de terre plus ou moins fortes, sur la côte orientale du golfe de Venise, et ces brises soufflent des mêmes directions que le vent de *Borea*. Elles se soutiennent à l'entrée de plusieurs ports longtemps après le lever du soleil, et alors, non-seulement elles empêchent les bâtiments d'y entrer, mais elles peuvent encore occasionner la perte de ceux qui auraient l'imprudence de s'approcher trop près de la côte.

C'est particulièrement quand le vent de S. E. souffle avec force au large et qu'il occasionne une très-grosse mer, qu'il faut éviter d'approcher de la côte le soir, la nuit et dans les premières heures du jour ; car alors on pourrait y trouver une brise de terre faible et même du calme avec beaucoup de houle.

Le vent de N. O. (*Maestro*) est celui qui souffle le plus ordinairement dans le golfe de Venise pendant le printemps et l'été ; mais il n'est pas rare de voir le vent de S. E. le remplacer des mois entiers. Un fait bien certain, c'est que, quand le vent de N. O. cesse, le vent de S. E. commence à se faire sentir.

J'ai dit que les vents d'O. et de S. O. n'étaient point dangereux dans le golfe de Venise, et c'est une vérité dont j'ai pu me convaincre de nouveau.

Le vent d'O. n'occasionne presque point de mer, parce qu'il ne dure guère plus de 24 heures.

MARÉES.

Les marées sont presque insensibles à la côte méridionale de la Dalmatie, et elles y sont aussi très-irrégulières.

Quand les vents de S. E. soufflent avec force, l'eau de la mer s'élève de 1 pied 1/2 à 2 pieds au-dessus de son niveau le plus bas, et à peine s'aperçoit-on qu'elle descende de quelques pouces au moment de la basse mer. La différence du niveau entre la plus basse mer et la haute mer est de 6 à 8 pouces par un temps calme ; et elle est presque nulle quand les vents sont au N. O. bon frais.

J'ai observé souvent que la mer montait de 8 à 10 pouces en peu de minutes, et qu'elle baissait avec la même rapidité ; au reste l'on trouve sur presque tous les points de la côte de la Dalmatie une profondeur d'eau si considérable, que jamais il ne devient nécessaire d'avoir égard à l'élévation de la mer au-dessus de son niveau le plus bas, pour entrer dans un port.

COURANTS.

Les marins qui connaissent le mieux le golfe de Venise tiennent pour constant que les eaux de la mer Méditerranée entrent dans ce golfe en suivant sa côte orientale et en se portant du S. E. au N. O., et qu'elles en sortent en suivant la côte d'Italie ; c'est-à-dire en allant du N. O. au S. E. La vitesse de ce courant général, dont j'ai bien reconnu l'existence à la côte méridionale de la Dalmatie, varie en raison des vents qui soufflent.

Quoique les marées soient peu considérables, elles occasionnent dans les passes étroites un courant assez vif, mais qui est de peu de durée.

Ire **Partie.**

GOLFE DE CATTARO.

Le golfe de Cattaro, que les Italiens nomment *Bocche di Cattaro*, sans doute à cause de trois bouches ou détroits qu'il faut passer pour arriver à la ville de *Cattaro*, est situé à la partie méridionale de la Dalmatie par 42° 23′ de latitude [1]. C'est le premier point de relâche de la côte orientale du golfe de Venise où une escadre venant de la mer Méditerranée pourrait être défendue avec succès contre un ennemi supérieur en forces ; et ce serait, sans contredit, le meilleur port de l'univers s'il était possible d'y entrer et d'en sortir avec facilité dans toutes les saisons.

Le golfe a environ 12 milles d'étendue de l'E. à l'O. et il est divisé en quatre parties, par les bouches de la *Kobila*, de *Kumbur* et de *Leppetane*, savoir : la baie extérieure, le bassin occidental, le bassin du centre et le bassin oriental.

La baie extérieure, dont l'entrée est divisée en deux parties par l'écueil *Rondoni*, est spacieuse ; mais elle est tellement ouverte aux vents de la partie du S. et à la grosse mer qu'ils occasionnent, que jamais on n'y laisse tomber l'ancre sans y être forcé par les vents ou par le calme.

Les trois bassins intérieurs sont au contraire de véritables ports dans lesquels l'armée navale la plus nombreuse pourrait être placée.

Le brassiage est suffisant partout dans le golfe de Cattaro pour les vaisseaux de premier rang, et nulle part il n'est trop considérable pour le mouillage. Le fond est aussi d'une excellente tenue dans toutes les parties des bassins intérieurs ; c'est une vase verdâtre compacte, qui, le long de la côte, est mêlée de sable, de coquilles brisées ou de gravier.

Les terres qui environnent ce magnifique golfe sont élevées et elles paraissent, au premier coup d'œil, devoir en faire l'asile le plus assuré contre les tempêtes ; mais les rafales qui descendent des montagnes arides et escarpées qui en bordent la côte septentrionale et la côte orientale sont si violentes, que des vaisseaux ne peuvent y résister qu'autant qu'ils sont placés dans des positions bien choisies, et amarrés à terre.

---

[1] La province de Cattaro fait partie de la Dalmatie, et les Vénitiens l'appelaient néanmoins Albanie vénitienne.

Il ne suffisait pas pour bien connaître une position telle que le golfe de Cattaro, et pour être à même de juger de quelle importance elle pouvait être considérée sous le rapport de la marine militaire, d'en visiter toutes les parties dans la belle saison, d'en lever un plan exact et de prendre de nombreux renseignements, sur sa navigation, de marins qui n'y conduisent que de petits bâtiments de commerce ; il fallait se trouver dans ces parages pendant la saison où règnent les vents de la partie du S., afin d'avoir une juste idée de la force de ces vents, de l'abondance des pluies qui tombent alors et de la violence du vent de *Borea* quand il leur succède ; il fallait encore vérifier ce qui m'avait été dit de la force du courant qui sort de ce golfe à la même époque, lequel courant est l'une des causes qui en rendent l'entrée et la sortie non-seulement difficiles, mais aussi extrêmement dangereuses pendant plusieurs mois de l'année.

DE L'ENTRÉE ET DE LA SORTIE DU GOLFE DE CATTARO.

C'est particulièrement à l'ouvert du golfe de Cattaro que l'on reconnaît combien les brises de terre rendent l'approche de plusieurs points de la côte de la Dalmatie dangereuse le soir, la nuit et dans plusieurs heures du jour ; mais ce n'est point à ces brises seules que ce golfe doit le désavantage de ne pouvoir offrir en tout temps un abri à des vaisseaux de ligne ; il le doit encore au courant occasionné par les eaux qui sortent des nombreux torrents et des sources qui s'y déchargent, lesquelles eaux sont très-abondantes dans la saison pluvieuse.

La vitesse du courant qui sort continuellement du golfe de Cattaro est très-variable : je l'ai fait mesurer en janvier 1809, et il a été reconnu que nulle part elle n'était de plus de 1 mille 1/2 par heure ; mais je suis convaincu que, quand les pluies sont très-abondantes, ce courant acquiert une vitesse de 2 milles 1/2 à 3 milles par heure. Il est extrêmement faible pendant l'été.

Les brises de terre qui soufflent tous les matins à l'entrée du golfe de Cattaro, et qui se font sentir plusieurs heures encore après le lever du soleil, particulièrement à l'ouvert du bassin occidental, ne peuvent que retarder la marche des bâtiments qui cherchent à y pénétrer dans la belle saison ; mais, quand le vent est au S. E. grand frais au large et que la mer est grosse, il faut, même pendant cette saison où le courant qui sort de ce golfe est presque insensible, ne s'en approcher que vers le milieu du jour et avec les plus grandes précautions.

On peut, dans la belle saison, éviter de tomber sous le vent de la pointe *Kobila* par l'effet du courant extérieur et de la grosse mer, ainsi que par l'effet des rafales du golfe, qui soufflent d'une direction plus orientale que le vent du large quand il pleut sur les montagnes, en ayant l'attention de ranger de près la côte qui est saine, et sous laquelle on mouillerait en cas de besoin.

On pourrait aussi, dans la belle saison, mouiller au large par 60 brasses d'eau, fond de bonne tenue, si l'on se trouvait à l'ouvert du golfe de Cattaro à une heure où il fût impossible d'y entrer, et que l'on craignît de tomber sous le vent en restant à la voile.

Que l'on ajoute aux difficultés qu'il faut vaincre pour entrer dans la partie intérieure du golfe de Cattaro pendant la belle saison, quand le vent est au S. E. bon frais au large, celle qui provient du courant intérieur qui, dans l'hiver, acquiert une grande vitesse, porte directement sur la pointe *Kobila*, et, par sa rencontre avec le courant extérieur, occasionne une mer affreuse entre cette pointe et celle de *Lustizza* (au point même où le vent refuse quelquefois), et on aura une juste idée des dangers auxquels serait exposée une escadre qui, par suite d'un événement quelconque, se trouverait dans la nécessité de tenter l'entrée du Cattaro, avant 10 heures du matin ou après 3 heures du soir, pendant les mois d'octobre, de novembre, de décembre et de janvier, où règnent les vents de la partie du Sud.

J'ose le dire, sans avoir à craindre d'être démenti par un seul marin du pays, la perte des mâtures serait l'événement le moins malheureux qui pourrait résulter d'une telle tentative; car, une fois engagée dans la baie extérieure, il ne resterait plus à cette escadre, dans la supposition très-vraisemblable qu'elle ne pourrait doubler la pointe *Kobila*, que la ressource de mouiller entre cette pointe et la pointe de *Lustizza*. Mais dans cette position pourrait-elle soutenir longtemps les efforts réunis de la mer, du vent et des courants intérieur et extérieur?

Tout bâtiment qui est une fois engagé en dedans de la pointe d'*Ostro* pendant l'hiver doit nécessairement mouiller entre cette pointe et la côte de *Lustizza*, s'il ne peut pénétrer, de la bordée, dans le bassin occidental du golfe de Cattaro; car en essayant d'entrer dans ce bassin en louvoyant, de même qu'en s'efforçant de prendre le large, il serait entraîné par les courants dans la partie N. O. de la baie extérieure, où le fond est de mauvaise tenue et où la mer est affreuse.

J'ajouterai, pour appuyer l'opinion que je viens d'émettre, que les habitants du Cattaro, qui sont des marins intrépides, ne tentent l'entrée de leur golfe pendant l'hiver, avec les vents de la partie du S. grand frais, qu'autant qu'ils peuvent se trouver à l'ouvert de ce golfe entre 10 heures du matin et 2 heures du soir.

Dans toute autre circonstance, ces marins vont relâcher dans le canal de *Calamota* et quelquefois à *Molonta-Grande*.

Il paraîtra bien extraordinaire, sans doute, aux marins qui ne connaissent point le golfe de Cattaro, et plus encore à ceux qui le connaissent mal, d'entendre dire que le courant très-fort qui sort de ce golfe pendant l'hiver, et qui en rend l'entrée si dangereuse avec les vents de la partie du S., est aussi une des causes qui en rendent la sortie extrêmement dangereuse et difficile dans la même saison.

Mais il suffira de réfléchir sur ce qui vient d'être dit de l'effet que produit ce courant au point où il rencontre le courant extérieur, c'est-à-dire entre la pointe *Kobila* et la pointe *Lustizza*, pour juger à quels dangers un vaisseau qui sortirait du Cattaro avec la brise de terre serait exposé, si, étant parvenu en dehors de la pointe *Kobila*, il trouvait le vent au S. E. et une grosse mer avec le courant extérieur qui, repoussé par le courant intérieur, se porte avec lui dans la partie N. O. de la baie extérieure où, nous l'avons dit ci-dessus, le fond est de mauvaise qualité pour le mouillage.

Si l'on ne trouve pas le vent au S. E. après avoir dépassé la pointe *Kobila*, mais que la brise de terre vienne à faiblir avant d'avoir doublé la pointe d'*Ostro*, il faut toujours, ne pouvant louvoyer à cause du courant, mouiller dans une mauvaise position, car le courant qui sort de l'intérieur du golfe empêche d'y rentrer ; enfin, si l'on parvient à doubler la pointe d'*Ostro*, et que le vent de terre vienne à faiblir avant que l'on ait pu prendre le large, on peut se trouver affalé sur la côte entre *Cattaro* et *Ragusi-Vecchio* sans espérance de pouvoir s'en relever.

Je ne puis révoquer en doute ni la possibilité d'entrer dans le bassin occidental du golfe de Cattaro pendant l'hiver, puisque les vents de la partie du S. grand frais y pénètrent vers le milieu du jour, ni la possibilité d'en sortir, puisque, dans cette même saison, les vents de terre y soufflent quelquefois avec violence ; mais je dirai, vu les dangers imminents auxquels une escadre serait exposée si elle se trouvait dans la nécessité de mouiller entre la pointe d'*Ostro* et la pointe de *Lustizza*, ou si elle se trouvait prise en calme avec une grosse mer sur la côte en dehors de la pointe d'*Ostro*, que le golfe de Cattaro ne doit pas être fréquenté par les bâtiments de Sa Majesté pendant les mois d'octobre, de novembre, de décembre et de janvier.

Tel est le résultat de mes observations sur l'entrée et sur la sortie du golfe de Cattaro, et telle est aussi l'opinion de tous les marins instruits qui connaissent bien ce golfe, au nombre desquels je citerai deux officiers dont les lumières et l'expérience ne peuvent être révoquées en doute, MM. Tician et Armeni.

Je joins ici deux notes relatives à l'entrée et à la sortie du golfe de Cattaro, qui m'ont été fournies par M. Tician (1).

Au mois de novembre de l'année 1788, l'escadre vénitienne, commandée par l'amiral Emo, étant dans les parages de *Dulcigno*, par un vent grand frais de S. S. E., un des vaisseaux, nommé *la Concordia*, se trouva en un instant envahi par l'eau de telle manière qu'il ne pouvait s'en rendre maître qu'en se tenant orienté sur tribord; mais comme cette bordée le portait à terre, l'amiral fit signal de laisser arriver tout de suite sur le port des *Bouches de Cattaro* pour y réunir l'escadre. Comme c'était au milieu de la journée que l'on fit route vers le port, bien qu'on fit force de voiles, on ne put toutefois réussir à arriver d'assez bonne heure pour donner dedans avec sécurité. En effet, étant rendu à la distance de 2 milles environ, une heure avant la nuit, le vent commença à manquer. L'amiral fit alors prendre le bord du large à tous les vaisseaux et donna l'ordre à *la Concordia* d'essayer d'entrer à tout prix. Elle poursuivit donc sa route et eut le bonheur de réussir, non pas avec un vent fait, mais à l'aide d'une rafale qui lui permit de mouiller en face du Lazareth. L'escadre, qui ne put profiter du reste de la brise qui souffla encore quelque temps, parce qu'il lui fallut prendre les ris dans ses voiles, resta peu après en calme, et à 3 milles de distance au plus de la terre. Les ris furent largués sur-le-champ pour s'aider du moindre souffle qui pourrait éloigner les vaisseaux, mais les grands roulis causés par une mer très-grosse ne leur permettaient pas de le ressentir; ils passèrent donc toute la nuit très-près les uns des autres, sans gouverner, abattant tantôt d'un côté, tantôt de l'autre, suivant qu'une petite houle et la mer les maîtrisaient, et en sorte que le moindre hasard de ces abattées pouvait rendre impossible d'éviter l'abordage. *La Minerva* se trouva particulièrement dans ce cas avec le vaisseau amiral, qui ne l'évita que par la circonstance d'avoir abattu juste à temps pour permettre à cet autre navire de passer sans le toucher. Le calme persistant toute la nuit et la

---

1 Ces notes, en italien dans le rapport de M. Beautemps-Beaupré, ont été traduites en français par M. de Coriolis, lieutenant de vaisseau.

mer portant les vaisseaux à terre, les en rapprocha assez pour voir les brisants; leurs voiles étant défoncées, ils furent aussi portés par le courant par le travers de la côte près de *Molonta* et sous le vent du port des *Bouches*; dans la matinée, le vent reprit variable du S. au S. O., ce qui les aida à s'éloigner, et ensuite à pouvoir gagner la rade de *Durazzo*, où ils réparèrent leurs avaries.

Au mois de décembre 1789, le vaisseau vénitien *la Minerva* se présenta devant le port des *Bouches de Cattaro*, 2 heures avant midi, par un vent maniable de S. E.; il entra jusqu'au cap en dedans de la terre de *Lustizza* où il trouva la force du courant qui sortait du chenal, telle qu'il fut obligé de mouiller, parce qu'en restant sous voiles il eût été porté dans le golfe de la *Cabilla*. Le jour suivant, le vent entrant avec plus de force, il appareilla, mais ne put avancer au delà de la moitié de la distance entre *Rose* et le Lazareth, le vent lui ayant manqué. Dans cette position, où le courant tendait à le porter en dehors, trois galères qui étaient mouillées sous le Camp-du-Général, vinrent prendre le vaisseau à la remorque, mais elles ne parvinrent pas à le faire gagner de l'avant, en sorte qu'il fut obligé de mouiller; le calme continuant, il élongea des amarres qui cassèrent à plusieurs reprises par la force du courant; cependant, par ce moyen et avec l'aide des galères, il put enfin mouiller au bout de trois jours et s'amarrer à terre, au premier pilier du côté de *Kombur*.

Quelques jours après, sur la fin de ce mois, l'amiral Emo entra dans le port avec cinq vaisseaux, et trouvant les grands piliers occupés par les amarres de trois vaisseaux turcs qui s'étaient réfugiés là avant *la Minerva*, il fit affourcher son escadre le long du chenal; ainsi mouillée, elle étala un coup de vent de *Borea*, sans que ses ancres bougeassent. *La Minerva*, amarrée à terre, cassa dans ce coup de vent son câble qui était sur le pilier; elle laissa de suite tomber une ancre, mais celle-ci et celle qu'elle avait déjà au fond chassèrent jusqu'à ce qu'elles rencontrassent un fond plus haut de l'autre côté de la côte; alors le vaisseau évita debout au vent et étala comme les autres.

Vers le milieu du mois de janvier suivant, avec apparence de beau temps, mer calme et petit vent de terre, l'escadre releva ses amarres pour sortir du port; mais arrivée à l'entrée, elle rencontra une petite brise de S. E. qui l'empêcha de faire route; elle louvoya toute la journée pour essayer de sortir; mais elle ne put y réussir et fut obligée de rentrer et de mouiller comme le vent le lui permit; elle recommença le lendemain sans plus de succès; enfin le troisième jour, avec calme de vent et de mer, chaque vaisseau partit remorqué par une galère ou demi-galère qui se trouvaient dans le port, au moyen desquelles ils purent sortir et s'élever la distance d'environ 3 milles de la côte, où une petite brise de S. S. O. se leva, et ils abandonnèrent alors la remorque.

---

* *Kobila.*

Quand les vaisseaux de ligne vénitiens et turcs relâchaient dans le golfe de Cattaro, c'était toujours dans le bassin occidental de ce golfe, entre la pointe de *Kumbur* et le *Lazareth*, qu'ils se plaçaient.

Ce mouillage est considéré, avec raison, comme étant le meilleur du golfe de Cattaro, non-seulement parce que l'on y amarre à terre avec facilité, et que l'on y est bien à l'abri de le mer du large, mais parce que c'est le seul qu'il soit possible de venir prendre de la bordée avec les vents de la partie du Sud.

C'est aussi de ce seul mouillage qu'une escadre pourrait appareiller facilement pour prendre la mer.

Dans le cas où un vaisseau viendrait à chasser au mouillage sous *Kumbur*, par l'effort des vents de la partie du S., et du peu de houle qu'ils y occasionnent, il ne serait jamais exposé, parce que le brassiage diminue progressivement en approchant la côte, et que l'ancre du large s'enfonçant de plus en plus finirait par faire tête avant que le vaisseau pût échouer. Il n'en serait pas de même si l'amarre de terre venait à rompre par l'effet de la violence du *Borea*, ou si la roche sur laquelle cette amarre serait frappée venait à être emportée, comme cela est arrivé à un vaisseau vénitien ; car alors l'ancre du large, recevant une secousse violente, déraperait sans doute, et le vaisseau pourrait être jeté sur la côte opposée, avant que cette ancre eût repris dans un fond dont la profondeur augmente jusqu'à une demi-encablure des roches.

On placerait aisément quinze vaisseaux de ligne, sur deux amarres, une à terre et l'autre au large, depuis la pointe de *Kumbur* jusqu'à la pointe occidentale de l'anse du *Lazareth*, et en cas de besoin on pourrait en faire tenir vingt, parce qu'il y a un développement de côte de 2,000 toises, mais il faudrait pour cela disposer à l'avance des moyens d'amarrage vers la pointe de *Kumbur*, où il n'y a point de roches.

Un nombre de vaisseaux beaucoup plus considérable que celui que nous venons d'indiquer pourrait, sans doute, être placé à *Kumbur*, si l'on pouvait sans inconvénient y amarrer à quatre amarres, deux à terre et deux au large ; mais un vaisseau souffrirait trop à ce mouillage, s'il y était tenu de manière à ne pouvoir céder à l'impulsion du *Borea*, qui y souffle quelquefois de directions différentes au même instant.

Les vaisseaux n'ont point à craindre à ce mouillage les vents

de S. E. ni les vents de N. O., et encore moins les vents d'O.
qui soufflent rarement, ne durent guère plus de 24 heures, et
se font à peine sentir dans l'intérieur du golfe de Cattaro; mais,
je le répéterai, on ne saurait y prendre trop de précautions
pour se garantir de la violence des rafales du *Borea*.

La baie de *Topla* est trop exposée aux vents et à la mer du large,
pour qu'il soit possible d'y placer des vaisseaux, même pendant
l'été. On ne doit point en placer, par la même raison, entre
la ville de *Castel-Nuovo* et le *Lazareth*, quoiqu'il y ait dans cette
partie beaucoup de roches sur lesquelles il serait facile d'amarrer. Ainsi, il n'y a donc qu'un seul bon mouillage, pour des
vaisseaux, dans le bassin occidental du golfe de Cattaro; c'est
celui de *Kumbur* [1].

Le *Porto-Rose* n'est qu'une très-petite anse, située à la côte
méridionale du bassin occidental du Cattaro, mais il est fort
renommé parmi les marins du pays, parce que c'est le premier
abri contre le vent de S. E. qu'ils trouvent en venant de la mer;
c'est aussi là qu'ils se placent quelquefois quand ils sont en
partance, afin de pouvoir profiter du vent de terre pour prendre le large.

Le *Porto-Rose* ne peut guère contenir que cinq petits bâtiments de commerce et quelques barques.

On trouverait une position favorable entre la pointe de
Kumbur et le *Lazareth* pour placer un arsenal maritime; mais
si l'on formait un établissement de ce genre dans le golfe de
Cattaro, ce serait dans le bassin du Centre qu'il faudrait le
placer, afin qu'il ne pût être attaqué aisément par mer.

La ville de *Castel-Nuovo*, que l'on aperçoit à bâbord en
entrant dans le bassin occidental, et qui présente un coup
d'œil pittoresque, est petite, mal bâtie et peu peuplée; mais
elle est environnée de maisons de campagne assez agréables.
Ses fortifications sont dans un très-mauvais état du côté de la
mer.

BASSIN DU CENTRE.

Le bassin du Centre est beaucoup plus vaste que le bassin
occidental, dont il est séparé par la bouche de *Kumbur*; c'est

---

[1] On donne le nom d'*Escoraggio del Campo del Generale*, à la partie du
mouillage de *Kumbur* comprise entre la pointe *Smiza* et l'anse du *Lazareth*,
parce que ce fut là que le général vénitien Corner plaça son camp, lorsqu'il
assiégea Castel-Nuovo, en 1687.

un port magnifique et fermé de toutes parts, qui pourrait contenir l'armée navale la plus nombreuse, et dans lequel on peut amarrer à terre de manière à garantir les vaisseaux de la violence du *Borea*.

On trouverait dans ce bassin plusieurs positions favorables pour placer un arsenal maritime, et ce serait là qu'il faudrait concentrer la marine militaire, si le Cattaro était choisi pour devenir l'un de ses chefs-lieux.

L'entrée du bassin du Centre est facile dans la saison où règnent les vents de N. O., mais elle est extrêmement difficile, pour ne pas dire impossible pendant l'hiver, non-seulement parce que les vents de la partie du S. qui règnent alors sont contraires, mais à cause du courant, qui a une trop grande vitesse dans cette saison pour qu'il soit possible de gagner en louvoyant avec un vaisseau dans la passe de *Kumbur*, qui n'a pas quatre encâblures de largeur.

On ne doit point compter sur les vents d'O. pour entrer dans ce bassin, car à peine se font-ils sentir dans l'intérieur du golfe de Cattaro ; il faudrait donc toujours qu'une escadre qui relâcherait dans ce golfe pendant l'hiver, mouillât dans le bassin occidental, où elle aurait à craindre d'être attaquée par un ennemi supérieur en forces, et qu'elle y attendît bien longtemps, peut-être, un vent favorable pour donner dans le bassin du Centre.

La partie S. E. du bassin du Centre est divisée en deux baies par les écueils *Stradioti*, *San-Michele* et d'*Otok* ; la baie du N., qui est la plus grande, se nomme baie de *Teodo* ; celle du S. se nomme baie de *Kartoli*. Cette dernière baie, qui a 4,500 toises de longueur et 300 toises de largeur, est mieux à l'abri encore qu'aucune autre partie du bassin du Centre, des vents de S. E. et de N. E., et elle est aussi moins exposée à la violence des rafales du *Borea*, sans doute à cause de son éloignement des hautes montagnes, ce qui fait que l'on pourrait y amarrer les vaisseaux à quatre amarres, deux à terre et deux au large, pour l'hivernage. On trouve 80 pieds de profondeur d'eau à l'entrée de la baie de *Kartoli*, et le brassiage va en diminuant progressivement depuis là jusque dans le fond, qui est marécageux.

L'écueil *Stradioti*, qui a 825 toises de longueur sur 100 toises de largeur, offrirait avec les petits écueils *San-Michele* et d'*Otok* une position aussi favorable pour placer les établissements de la marine que la baie de *Kartoli* le serait elle-même pour l'hivernage des vaisseaux ; mais malheureusement cette position, qui peut être rendue en quelque sorte inattaquable par mer, se trouve trop rapprochée de la baie de *Traste*, où il est facile de faire une descente et d'où il est aisé de se porter sur la côte de la baie de *Kartoli*, pour qu'il soit prudent d'y placer un arsenal maritime.

Peut-être aussi faudrait-il craindre que l'ennemi ne s'emparât de *Budua*, d'où il pourrait se porter, par la route nouvelle, dans la plaine de *Kartoli*, et conséquemment sur la position dont je viens de parler. On pourrait ajouter à ces considérations une population toujours disposée à la révolte qui, quoique faible, ferait beaucoup de mal si elle favorisait les projets des ennemis, et le voisinage des Monténégrins, qui peuvent se porter avec facilité et en peu d'heures dans la plaine de *Kartoli*.

Les raisons que nous venons de donner contre la position de *Kartoli* peuvent s'appliquer à toutes les positions qu'il serait possible de choisir sur la côte orientale du bassin du Centre ; il en résulte que ce serait sur la côte septentrionale de ce bassin qu'il faudrait placer les établissements de la marine militaire.

Le fond est d'une excellente tenue tout le long de cette côte, et comme le brassiage n'y est pas trop considérable, et qu'il diminue progressivement, les vaisseaux de ligne y seraient bien en sûreté, quoique le vent de S. E. s'y fasse sentir avec force, et qu'il y occasionne un peu de levée. Il faudrait que les vaisseaux fussent amarrés là comme à *Kumbur*.

BASSIN ORIENTAL.

Le bassin oriental du golfe de Cattaro est d'une étendue plus considérable encore que le bassin du Centre, et il serait plus facile de le mettre à l'abri des tentatives d'un ennemi puissant par mer, que celui-ci, puisqu'il faut passer une troisième bouche pour y arriver ; mais, malgré cet avantage, je ne pense pas qu'il soit convenable d'y placer les établissements de la marine militaire, seulement à cause des difficultés qu'il y aurait à vaincre pour y faire entrer des vaisseaux de ligne.

Ce bassin est entouré de montagnes dont les pieds sont très-rapprochés de la mer, ce qui fait que l'on y éprouve des rafales plus violentes encore que dans les autres parties du golfe. Les montagnes du N. O., du N. et de l'E. sont tellement escarpées qu'à peine peut-on les gravir ; celles du S. et de l'O., ainsi que celles de la bouche *Leppetane*, sont beaucoup moins hautes et moins arides [1].

Je suis convaincu que des vaisseaux de ligne seraient très-mal dans ce bassin pendant l'hiver en quelque lieu qu'on les plaçât, à cause des rafales du *Borea* qui descendent avec furie des montagnes presque perpendiculaires qui le bordent. Le vent de S. E. y est aussi extrêmement dangereux et particulièrement sous la côte du N.; là il descend des montagnes comme le *Borea* [2].

Le vent de N. O., qui ne se fait guère sentir que dans la belle saison, occasionne aussi quelquefois des rafales dans le bassin oriental; mais elles ne pourraient être dangereuses pour un vaisseau qu'autant qu'il serait sous toutes voiles dans une partie aussi resserrée que la bouche de *Leppetane*.

Un grand nombre de bâtiments de commerce, appartenant aux marins des différentes communes situées sur les bords du bassin oriental, hivernent, il est vrai, dans ce bassin; mais ils sont amarrés très-près du rivage, dans de petites anses, ou bien entre des môles construits avec beaucoup de solidité. Chaque propriétaire de bâtiment a en quelque sorte son bassin devant sa maison.

Les villes de *Cattaro*, de *Perasto* et de *Risano*, sont les lieux les plus remarquables par leur ancienneté, que l'on trouve sur les bords du bassin oriental; mais les communes de *Dobrota*, du *Perzagno* et de *Stolivo*, enrichies par le commerce maritime, en font le plus bel ornement. On est surpris de voir à côté de villes anciennes dont deux, *Cattaro* et *Perasto*, sont dans des positions qui ne permettent point d'agrandissement, les superbes villages dont nous venons de parler, lesquels sont d'une étendue considérable et bâtis avec élégance et solidité.

La ville de *Cattaro* est située à l'extrémité méridionale de ce bassin, au pied d'un grand rocher dont le sommet seulement est séparé, par une gorge très-large, de la chaîne de montagnes escarpées connues sous le nom de *Monte-Negro*. Elle

---

[1] Le *Monte-Sella* qui est le piton le plus remarquable, par sa forme et par sa hauteur, de la grande chaîne de montagnes nommée *Monte-Negro*, est élevé d'environ 872 toises au-dessus du niveau de la mer.

[2] J'ai éprouvé, dans le mois de septembre 1808, un coup de vent de S. E. dans la ville de *Perasto*, auquel mes petits bâtiments n'auraient certainement pas résisté s'ils n'avaient pas été placés très-près du quai et solidement amarrés à terre. Les rafales descendaient de la montagne comme si c'eût été le *Borea* qui eût soufflé.

passe pour être une bonne place de guerre, et c'est un avantage qu'elle doit plus encore à la nature qu'à l'art. Le château *San-Giovani*, qui est sur le sommet du *rocher de Cattaro*, fait la principale défense de la ville.

En quelque saison que le vent de S. E. se fasse sentir, les nuages s'accumulent sur les montagnes qui entourent le bassin oriental, et il pleut immanquablement sur ces montagnes, au pied desquelles on trouve des sources abondantes et beaucoup de torrents.

La source de *Dobrota*, à laquelle les Dalmates donnent le nom de *Gliuta*, qui signifie, je crois, source jaillissante, fournit une masse d'eau considérable, qui sort du pied des roches escarpées en s'élevant perpendiculairement.

La rivière de l'anse *Morigno* et la *Fiumera de Cattaro* donnent aussi beaucoup d'eau.

J'ai reconnu de plus qu'il y avait des sources au fond de la mer, le long de la côte de *Perasto*, et sans doute on en trouverait dans plusieurs autres parties du bassin; ce qui fait que le courant qui sort continuellement du golfe est très-sensible même pendant l'été, dans la bouche de *Leppetane*.

On voit près de *Risano* une caverne dont l'entrée est élevée d'environ 40 pieds au-dessus du niveau de la mer, d'où une colonne d'eau très-considérable, et formant une belle cascade, sort pendant l'hiver; cette caverne ou plutôt ce torrent est nommé *Sopot* par les Dalmates.

DÉFENSE DU GOLFE DE CATTARO.

Dans quelque partie du golfe de Cattaro que l'on plaçât un arsenal maritime, il n'en faudrait pas moins déployer à l'entrée de ce golfe, et particulièrement à l'ouvert de la bouche de la *Kobila*, tous les moyens de défense que comportent les localités, parce qu'une escadre venant de la mer pendant l'hiver ne pourra jamais aller au delà du mouillage de *Kumbur*, où elle serait certainement attaquée par un ennemi supérieur en forces, si cet ennemi n'avait pas à craindre d'être arrêté dans sa marche par le feu des batteries établies sur la côte.

On peut défendre avec succès les approches de la baie extérieure du golfe, au moyen de forts placés sur la pointe *d'Ostro*, sur l'écueil *Rondoni* et sur la pointe *Xanizza*, et de deux batteries placées entre cette dernière pointe et la bouche de la *Kobila*.

Je pense qu'il ne serait pas suffisant d'établir de simples

batteries sur la pointe d'*Ostro*, sur l'écueil *Rondoni* et sur la pointe *Xanizza*, parce qu'étant isolées, ces batteries pourraient être enlevées en un instant.

On ne pourrait se dispenser surtout d'établir un fort sur l'écueil *Rondoni*, si l'on croyait nécessaire de défendre l'entrée de la baie extérieure.

Cet écueil qui est peu élevé, dont la forme est circulaire, et qui a environ 100 toises de diamètre, est éloigné de la côte de 500 toises et de 1,200 toises de la pointe d'*Ostro*.

La bouche de la *Kobila*, qui n'a guère plus de 600 toises d'ouverture, et qui est déjà défendue par deux batteries, peut être fortifiée de manière qu'il soit, sinon impossible, au moins extrêmement dangereux d'y passer avec des vaisseaux de ligne : il suffira pour cela d'augmenter les dimensions des deux batteries existantes, d'en construire une nouvelle entre la pointe *Lustizza* et *Porto-Rose*, et de les armer toutes trois d'un grand nombre de mortiers et de canons de gros calibre.

La batterie qui a été construite sur la pointe *Kobila* est dans une position bien choisie, car non-seulement elle défend la bouche, mais elle bat de plus une partie de la baie extérieure et du bassin occidental.

La batterie de *Porto-Rose* deviendrait aussi d'une grande importance dans le cas où l'ennemi serait parvenu dans l'intérieur du bassin occidental.

Que l'on se rappelle ce que j'ai dit sur les difficultés de l'entrée du golfe de Cattaro dans toutes les saisons, et particulièrement en hiver, et l'on aura une idée des dangers auxquels un vaisseau serait exposé s'il recevait une avarie majeure dans la bouche de la *Kobila*, qui est de toutes les positions du golfe celle qu'il importe le plus de bien fortifier.

Je pense qu'une escadre ennemie ne tentera jamais de pénétrer dans le bassin occidental du golfe de Cattaro, quand la bouche de la *Kobila* sera bien armée, de même que la ville de *Castel-Nuovo* et le *Porto-Rose* ; mais il ne me paraît pas moins très-important de fortifier la pointe d'*Ostro* et l'écueil *Rondoni*.

On peut, en quelque sorte, rendre le bassin du centre inattaquable par mer en construisant une citadelle sur la pointe de *Kumbur*, qui est basse, et en plaçant quelques batteries sur la côte opposée.

Cette citadelle pourrait être placée de manière à battre, non-seulement la bouche de *Kumbur*, qui n'a pas quatre encablures d'ouverture, mais encore une grande partie du bassin occidental.

Quant à la troisième bouche du golfe de Cattaro (*bouche de Leppetane*) qui est extrêmement étroite et qui pourrait en quelque sorte être défendue avec de la mousqueterie, il deviendrait inutile de l'armer, si celles de la *Kobila* et de *Kumbur* étaient fortifiées d'une manière convenable; mais enfin si une escadre était forcée de se réfugier dans le bassin oriental du golfe, et qu'elle eût à craindre d'y être attaquée, cette bouche serait bientôt mise en état de défense. Elle a 1,200 toises de longueur du N. N. E. au S. S. O., 232 toises de largeur à sa partie méridionale, et 152 toises à sa partie septentrionale, qui se nomme *le Catène*.

On pourrait défendre l'extrémité septentrionale de la bouche de *Leppetane*, non-seulement par des batteries placées des deux côtés de cette bouche, mais encore avec des batteries qui seraient placées sur le quai de la ville de *Perasto* et sur l'écueil *San-Giorgio*.

OBSERVATIONS.

Les habitants du Cattaro, ne pouvant se procurer le plus strict nécessaire par le moyen de l'agriculture, se sont livrés à la navigation, sans négliger toutefois la culture des parties de leur territoire qui en étaient susceptibles. La population entière a trouvé l'aisance dans le commerce maritime, et beaucoup de ces hommes, qui sont en général sobres et courageux, y ont acquis de la fortune.

Ils rivalisent d'industrie avec les habitants de Raguse, leurs voisins, et ils l'emportent, dit-on, sur eux pour l'économie et pour la hardiesse des spéculations.

Les bois de construction manquent absolument au Cattaro, et je n'y ai pas vu un seul chantier : c'est à *Curzola*, où l'on trouve une espèce de bois de chêne petit, mais de bonne qualité, que les marins de ce pays font construire leurs bâtiments, afin d'éviter des frais de transport. Ils vont chercher quelquefois en Albanie des bois de grandes dimensions, et ils tirent de l'Allemagne et de la Hongrie, par Trieste et Fiume, des mâtures et beaucoup d'objets d'armement; le reste leur vient de l'Italie, car à peine trouvent-ils chez eux quelques planches et du bois propre à faire des avirons et des antennes.

Les oliviers ont été multipliés autant qu'il a été possible au pied des montagnes qui bordent le golfe de Cattaro, et l'huile excellente que l'on tire du fruit de ces arbres précieux est devenue une des sources de la prospérité de ce petit pays : on en exporte beaucoup.

Les figuiers sont aussi en grand nombre au Cattaro, et ils y donnent un fruit de meilleure qualité que dans les autres parties de la Dalmatie; aussi on fait sécher beaucoup de figues pour être vendues.

Le vin que l'on recueille dans ce même pays serait bon s'il était travaillé avec soin, mais là, comme sur tous les points de la Dalmatie, on le fait très-mal; au reste, la culture de la vigne a été négligée pour celle des oliviers, et l'on ne récolte pas la quantité de vin nécessaire pour la consommation des habitants.

Les mêmes terres qui sont couvertes d'oliviers et de figuiers produisent encore du maïs et des légumes de toutes les espèces, mais je n'ai vu qu'un seul champ de blé près de la côte.

On faisait autrefois du sel dans la partie S. E. du bassin du Centre, et j'ai vu les ruines des salines : elles ont été abandonnées à cause du voisinage des Monténégrins, qui ne manquent pas de se porter dans la plaine de Cattaro et de Kartoli, et même dans les communes les plus peuplées, quand ils ont l'espoir de voler.

Les bestiaux manquent presque entièrement au Cattaro, comme dans presque toutes les parties de la Dalmatie, et il y a si peu de terres propres à la culture, qu'à peine les industrieux habitants de ce pays pourraient-ils vivre, quatre mois de l'année, du produit de leur sol aride [1].

Ils tirent des blés de l'Italie, de l'Allemagne, de la Hongrie et de la Turquie, et le plus souvent ils achètent à Venise, à Trieste ou à Fiume, du biscuit au lieu de blé, parce que le bois de chauffage commence à leur manquer.

Les Turcs et les Monténégrins leur fournissent des bestiaux et ils pouvaient s'en procurer autrefois en si grande quantité, qu'ils faisaient boucaner beaucoup de viande de mouton pour l'exporter [2] : ils salaient aussi du bœuf et du porc.

Cette branche de commerce est à peu près perdue, parce que les bestiaux sont devenus rares et très-chers.

La pêche, qui pourrait être d'une grande ressource pour la population entière, est très-négligée ou pour mieux dire elle est abandonnée; car je n'ai vu que deux barques s'en occuper pendant les trois mois que j'ai employés à faire la reconnaissance du golfe.

---

[1] On m'a assuré qu'il y avait des terrains propres à la culture des blés, entre Cattaro et Budua, mais que le voisinage des Monténégrins empêchait d'en tirer tout le parti possible.

[2] On nomme *castradina* cette viande de mouton boucanée.

Je crois devoir joindre à ce rapport les renseignements que j'ai obtenus d'un marin ragusais instruit, Michele Scurich, sur la partie de côte comprise entre le golfe de Cattaro et Budua, laquelle côte il m'a été impossible de visiter.

Description du littoral des bouches du Cattaro depuis la Punta-d'Ostro jusqu'aux marais, sur les confins de l'Albanie [1].

Un navire se trouvant près de la *Punta-d'Ostro* (pointe du S.) et voulant aller dans le port de *Traste*, devra diriger sa route à l'E. S. E., et après avoir fait 4 bons milles, ayant passé l'écueil et la pointe de *Xanizza*, il se trouvera près d'une pointe saillante, appelée communément la *Punta-di-Remo*. Cette pointe forme la partie extérieure de la presqu'île de *Lustizza* ; elle a la forme d'un bras, composé de roche calcaire. De cette pointe on découvre tout à coup le port de *Traste* et *le golfe de Cartoli* [2], qui, formant sur la gauche une grande rentrée sinueuse, ouverte à la partie du S. O. et du S., s'étend jusqu'à la pointe de *Traste*. De la partie gauche de la pointe de *Camenova*, celle de *Traste* se relève entre le S E. et l'E. : en approchant du port de *Traste*, vous trouverez 24 et 20 brasses de fond, sable et terre glaise, et à mesure que vous rallierez la pointe de *Traste*, vous trouverez que le fond va en diminuant, aussi devrez-vous vous tenir de préférence sur bâbord, afin d'éviter le bas-fond qui de cette pointe s'étend l'espace d'environ 100 toises vers le N. O.

Le port de *Traste* s'étend du N. O. au S. E., formant une rentrée d'un quart de lieue. Le mouillage est très-bon et on y est bien par tous les vents, pourvu qu'on mouille entre 7 et 5 brasses en prenant une amarre à terre dans la partie du N. E., pour se précautionner ainsi contre le vent de *Borea*. En cas de besoin, deux frégates pourraient y trouver un abri, mouillant par 9 brasses, en ayant toujours la même précaution de prendre de bonnes amarres dans la partie du Nord.

La pointe *Traste* et celle de *Sginhovaz* restent S. S. E. et N. N. O.; entre elles deux il y a une baie.

La pointe de *Sginhovaz* est un cap élevé qui tourne vers la côte de *Zupa* ; de cette pointe en allant dans le N. O., à la distance de 1 mille environ, on trouve un récif à fleur d'eau, communément appelé *Albanassi* [3], il reste en ligne droite entre la pointe *Remo* et celle *Sginhovaz* [4],

Pointe Remo.

Golfe de Cartoli.

Pointe
Camenova.

Port et pointe
de Traste.

Pointe
Sginhovaz.

Récif de Sginhovaz
ou Albanassi.

---

[1] Cette description, qui est en italien dans le rapport de M. Beautemps-Beaupré, a été traduite par M. de Coriolis, lieutenant de vaisseau.

[2] Ce golfe est porté sur les cartes, sous le nom de baie de Traste. B. DAR.

[3] *Albanasse*, sur les cartes.

[4] Il en est ainsi sur la carte du golfe de Cattaro, du capitaine W.-H. Smyth ; mais sur la grande carte du golfe Adriatique, de l'Institut géographique militaire de Milan, cette roche se trouve sur la ligne qui joint la pointe Traste à la pointe Sginhovaz. B. DAR.

sur un relèvement N. et S. avec celle de *Traste ;* entre elle et la pointe de *Sginhovaz,* le fond est de 24 brasses, roche.

Côte de Zupa. La côte de *Zupa,* de la pointe de *Sginhovaz* au cap *Platamone,* court N. O. et S. E.; elle est garnie de montagnes escarpées.

Cap Platamone. Le cap *Platamone,* qui forme la pointe S. E., est tout entouré de roches, c'est pourquoi les vaisseaux ne doivent pas s'en approcher beaucoup. Ce cap doublé, en se dirigeant sur *Budua* jusqu'à la pointe de *Jassi* [1], la sonde rapporte 12 et 20 brasses.

Pointe et anse de Jassi. La pointe de *Jassi* est une pointe de roches saine; l'intervalle qui la sépare du mont *San-Salvatore* est très-spacieux, et l'on peut y mouiller avec les vents du N. O., par 18 et 20 brasses.

Mont San Salvatore. Le mont *San-Salvatore* est un pic très-haut situé au-dessus de *Budua* dans le N. O. : il est d'une reconnaissance facile, ressemblant dans sa partie S. E. à une île entre les deux plaines de *Jassi* et de *Maini;* sa forme est pyramidale; mais plus escarpée du côté qui regarde la pointe de *Jassi,* et sur son sommet on voit une petite chapelle dédiée au Sauveur; avant d'arriver à *Budua* il forme deux petites pointes escarpées qui s'avancent dans la mer, et au-dessus desquelles on voit une tour ruinée.

Budua. *Budua* est au pied de cette montagne sur une langue de terre sablonneuse tenant à une roche extérieure sur laquelle est situé un château en ruines. La ville est dans la plaine qui regarde le couvent de *Maini,* et entre elles et l'écueil *San-Nicolo* qui reste N. O. et S. E., il y a un fond inégal de 5 à 4 brasses.

Le port près de la ville est presqu'à sec, et n'est bon que pour les petites barques; et encore sont-elles en danger d'y faire naufrage quand le vent force au S. et au S. E.

Ile San-Nicolo. L'île ou écueil *San Nicolo* est distant de *Budua* de 1/4 de mille : entre lui et la terre ferme il y a un bon mouillage par 10 brasses d'eau, en prenant une amarre sur la partie de l'île voisine d'une maison; mais le vent de S. E. entre en plein, c'est pourquoi il faut s'amarrer solidement du côté de l'île : le mouillage n'est bon que pour deux navires. Dans la partie N. de l'île *San-Nicolo* il n'y a passage que pour les barques seulement, à cause d'une langue de sable et de galets, en pointe, qui s'étend jusque dans le voisinage de la côte opposée; le brassiage est inégal, variant de 1/4 de brasse à 1 brasse. Les bateaux qui, venant de la partie du S. E., veulent entrer à *Budua,* accostent de très-près la pointe de *Zavala,* et rangeant bien la terre à droite puis arrondissant la pointe vers l'O., ils arrivent près de la ville.

L'écueil *San-Nicolo* est très-élevé, et à sa partie qui regarde le large il est taillé à pic. La pointe S. E. est saine, et un vaisseau de quelque rang que ce soit peut l'accoster; droit à l'E. de cette pointe, reste le **San-Stefano.** château de *San-Stefano* sur une roche en forme de presqu'île; entre lui et la pointe de cet écueil il y a 20 et 22 brasses de fond, et entre le châ-

---

teau et la pointe de *Zavala* 15 à 17. De ce château vers la *Punta di-Rete* et les marais, la côte court S. E. et S., l'espace de 9 milles environ.

N. B. La rade de *Budua* serait pour les gros vaisseaux le mouillage à prendre dans tout l'espace qui s'étend de la pointe E. de l'écueil *San-Nicolo* à la pointe de *Zavala* et au château de *San-Stefano ;* elle pourrait contenir pendant l'été 5 à 6 vaisseaux qui y mouilleraient par un fond depuis 15 jusqu'à 24 brasses.

Signé MICHELE SCURICH.

IIe Partie.

ENVIRONS DE RAGUSE.

La reconnaissance hydrographique des environs de *Raguse* est la plus belle et la plus importante, peut-être, des opérations que j'ai exécutées sur la côte orientale du golfe de Venise; *Pola* seul, le superbe port de *Pola*, par sa position relativement à Venise, pourrait le disputer au canal de *Calamota* et aux ports qu'il renferme, s'il était question de ne former qu'un seul établissement maritime dans le golfe de Venise.

La seule inspection des plans, très-détaillés, qui accompagnent ce mémoire, suffira pour donner une idée générale de notre travail sur les environs de Raguse, et nous y renvoyons pour éviter de trop longs détails [1].

CANAL DE CALAMOTA.

Le canal de Calamota est formé par les îles de *Calamota, Mezzo, Giupana* et *Iaklian,* par les écueils *Olipa* et *Rudda,* et par les rochers *Petteni ;* il a 6 lieues d'étendue du S. E. au N. O. ; nulle part il n'a pas moins de 700 toises de largeur, et à sa partie septentrionale il forme un grand bassin, auquel nous donnerons le nom de bassin du N. Le fond est de bonne tenue sur presque tous les points de ce canal, qui est magnifique, et le mouillage est excellent dans le N. et près de l'île *Calamota,* ainsi que dans plusieurs autres positions, dont nous aurons occasion de parler.

Le *canal de Calamota* est justement renommé, tant pour la bonté de son mouillage, que parce qu'il est le premier point de relâche pour l'hiver, que la côte orientale du golfe de Venise offre à une escadre qui y viendrait de la mer Méditerranée.

---

[1] Ces plans forment les n°s 275, 276, 277 et 278 de l'Hydrographie française.

Il a six passes, dont deux peuvent être pratiquées en toute saison avec les vents de S. E., lesquels vents sont toujours accompagnés, pendant l'hiver, de brumes épaisses et de pluies abondantes; mais les marins qui l'ont fréquenté n'ont jamais pu connaître, au vrai, de quelle importance il pourrait devenir pour la marine militaire, parce qu'ils n'ont point eu l'occasion de visiter les ports qu'il renferme : nulle part je ne vis un plus bel ensemble, et nulle part, je crois, on ne le trouverait !

ILES ET ÉCUEILS DU CANAL DE CALAMOTA.

L'île de *Calamota* est petite, mais elle est assez bien cultivée. On y trouve de la vigne, des oliviers et des figuiers. Les parties de cette île qui ne sont point cultivées sont couvertes de broussailles épaisses, excepté la pointe S. E., qui est couverte de grands sapins.

L'île de *Calamotu* a un petit port à sa partie N. O. Elle a aussi, à sa partie extérieure, une anse dans le fond de laquelle on serait à l'abri du vent de *Borea*.

J'ai trouvé des fonds de roche à 450 toises au large de cette île.

L'île de *Mezzo* est beaucoup plus élevée que *Calamotu*; elle est aussi plus grande et mieux habitée, mais je ne la crois pas plus cultivée. Les habitants de cette île sont presque tous marins.

Mezzo a une rade à sa partie N. O., dans laquelle on est bien à l'abri des vents de S. et de S. E. : la ville de *Mezzo*, qui est située dans le fond de cette rade est petite, mais assez jolie.

On trouve à la partie S. E. de cette île une autre anse nommée *Valle di Sugn*, où l'on serait bien à l'abri des vents de *Borea* et de N. O., mais où le vent de S. E. doit occasionner une mer affreuse.

Le rocher de *la Donzella*, qui se trouve à l'entrée de l'anse de *Sugn*, ne tient point à l'île de *Mezzo*, comme sa position semble l'indiquer ; on peut, en cas de besoin, passer entre ce rocher et celui de la pointe *Mercizze*, pour donner dans la passe entre *Calamota* et *Mezzo*, ou après être sorti de cette passe, pour prendre le large.

L'île *Giupana* est la plus grande, la mieux cultivée et la plus habitée des quatre îles qui forment le canal de *Calamota*. Sa côte extérieure n'est pas aussi élevée que celle de l'île de *Mezzo*, mais partout elle est escarpée, et nous avons trouvé le long de cette côte, qui est saine, une très-grande profondeur d'eau.

L'île *Iaklian* est inhabitée, mais on trouve des cultures et les ruines de plusieurs maisons à sa partie S. Et le reste est couvert de broussailles.

L'écueil *Olipa* est inculte, inhabité et couvert de broussailles épaisses.

L'écueil *Rudda*, situé dans la passe, entre *Mezzo* et *Giupana*, est aussi inculte et inhabité.

Les rochers *Petteni* sont absolument nus.

On trouve dans la partie intérieure du canal les écueils *Daxa*, *Miscgniak*, *Czerquina*, *Tayan*, *Cosmech* et quelques petits rochers.

Daxa n'est qu'un grand rocher inculte et dépouillé de verdure, sur lequel on a bâti un beau couvent qui sert aujourd'hui de caserne. *Miscgniak*, *Czerquina*, *Tayan*, et *Cosmech* sont déserts et couverts de broussailles.

L'écueil *San-Andrea*, qui est situé dans le S. à la distance de 1,500 toises de l'île de *Mezzo*, quoique séparé des îles et écueils dont nous venons de parler, fait néanmoins partie du même archipel. Il est inculte et désert ; mais c'est depuis peu d'années, car on voit encore dessus les ruines d'un couvent. On peut approcher cet écueil sans inquiétude, il est très-sain.

J'ai fixé la position de l'écueil *San-Andrea*, ainsi que celle de la pointe S. de l'île *Meleda* avec exactitude.

Les parties extérieures des îles, des écueils et des rochers qui forment le canal de Calamota sont escarpées ; elles présentent l'image d'une dégradation lente, mais continuelle, occasionnée par les eaux de la mer.

PASSES DU CANAL DE CALAMOTA.

La passe la plus commode et aussi la plus fréquentée est celle du S., entre l'île Calamota et les rochers *Petteni*.

Cette passe, qui a 1,250 toises de largeur, est saine ; elle est facile à reconnaître même d'un temps brumeux, par la forme et la situation des rochers *Petteni* que l'on peut approcher jusqu'à les toucher, et qu'il faut doubler à l'Ouest.

Il faudra se méfier en entrant par cette passe, avec un vent S. E. forcé, des rafales qui sortent de l'anse *San-Martino* et d'*Ombla*, parce que ces rafales viennent ordinairement d'une direction plus orientale que le vent qui souffle au large.

On devra éviter aussi de s'approcher de l'île de *Calamota*, sur laquelle ou pourrait se trouver affalé pour avoir laissé arriver trop tôt.

L'on ne peut rien risquer en tenant le vent jusqu'à ce l'on voie le canal ouvert.

Quand on fait route pour *Gravosa* avec le vent au S. E., et qu'il est impossible de louvoyer, il faut s'efforcer, en tenant le plus près tribord-amures, d'aller mouiller à l'abri de la côte, près et dans l'E. du port de *Malfi*, où la tenue est très-bonne et où l'on pourrait s'amarrer aux roches, si le *Borea* se faisait craindre.

On pourrait aussi, dans l'attente d'un très-gros temps, donner dans le port de *Malfi*, où même un vaisseau de ligne trouverait à se placer, de manière à ne pas craindre un coup de vent.

Les vaisseaux de ligne vénitiens mouillaient ordinairement dans le canal de *Calamota*, quand ils découvraient l'écueil *San-Andrea* par la pointe N. O. de *Calamota*, et c'est là effectivement que j'ai trouvé le fond de la meilleure qualité ; c'est une vase très-compacte, mêlée à une grande **quantité de sable** fin ; à peine pouvions-nous arracher les grappins de nos canots, quand une fois ils avaient pris dans ce fond.

Les petits bâtiments destinés pour *Gravosa* passent le plus souvent entre les *Petteni* et la pointe du *mont Petka*, quand le vent est au S. E.; mais, quoiqu'il y ait une assez grande profondeur d'eau dans ce petit passage pour des vaisseaux de ligne, on ne doit pas s'y engager par un temps forcé, même avec des barques, dans la crainte des rafales qui, succédant rapidement au calme que l'on trouve presque toujours sous le *mont Petka*, peuvent mettre en danger.

Il y a dans la petite passe dont nous venons de parler une roche isolée qui couvre et découvre, laquelle roche il faudrait laisser à tribord, si l'on passait là avec un bâtiment tirant plus de 10 pieds d'eau.

Passe entre Calamota et Mezzo.

La seconde passe que l'on trouve, en venant du S., est celle qui sépare les îles *Calamota* et *Mezzo*.

On peut donner dans le canal par cette passe, avec les vents de S. E et même, en tenant le plus près tribord-amures, gagner le mouillage dans le N. de *Calamota*. Elle a 475 toises d'ouverture, mais une sèche, sur laquelle il ne reste que 8 pieds d'eau, et qui tient à la pointe de l'île *Calamota*, la divise en deux parties.

La sèche est exactement dans la direction des pointes de *Mezzo* et de *Calamota*, et sa partie la plus élevée est à 145 toises de cette dernière île.

On peut passer entre Calamota et la sèche (j'y ai trouvé 40 et 50 pieds d'eau, fond de roche), ou entre cette sèche et *Mezzo* indifféremment; mais je pense qu'il vaudra mieux passer dans l'E. de la sèche, en rangeant de près la pointe de *Calamota* qui est saine, afin d'éviter de tomber sous le vent de la pointe S. E. de *Mezzo*.

Passe entre Mezzo et Giupana.

La passe entre *Mezzo* et *Giupana* est très-belle, mais il ne serait pas convenable de tenter l'entrée du canal de *Calamota* par cette passe avec un vent de S. E., qui ne permettrait pas de louvoyer.

Elle a 800 toises d'ouverture et 1,250 toises de longueur du N. E. au S. O.; l'écueil *Rudda* la divise en deux parties près de l'entrée du canal.

Cette passe est celle qui doit être préférée pour entrer dans le canal avec les vents de la partie du N. O.

Si l'on se trouvait forcé de donner dans cette passe avec un coup de vent de S. E., et qu'il fût impossible de doubler au vent l'écueil *Rudda*, je pense qu'il serait plus prudent de mouiller à l'abri de cet écueil, que de tenter de gagner le canal par la petite passe, à cause d'une sèche qui s'étend dans le N. O. à la distance de 250 toises de *Rudda*, qui tient à cet écueil, et qui obligerait à s'approcher de très-près de la pointe *Pakliena* de *Giupana*.

Le petit port *San-Giorgio* de *Giupana* serait un bon abri pour un bâtiment de commerce qui ne pourrait gagner le canal, et qui aurait à craindre un très-mauvais temps.

Le fond est de si bonne qualité dans ce port qu'il faudrait plutôt craindre d'y voir rompre les câbles par l'effort du vent que d'y chasser; mais nous n'insisterons pas moins sur la nécessité d'amarrer à terre, là comme partout ailleurs, quand l'on aura à craindre d'être assailli par le *Borea*.

L'amarrage est extrêmement facile à *San-Giorgio*, à cause des trois rochers qui se trouvent dans la partie septentrionale de ce petit port (voir le plan).

Passe entre Giupana et Iaklian.

La passe entre *Giupana* et *Iaklian*, nommée *Harpoti* par les

Dalmates, et passe *Pompéienne* par les Italiens, n'est guère fréquentée que par de petites barques, parce qu'elle est extrêmement étroite (85 toises), sinueuse et entourée de montagnes qui y occasionnent tantôt des calmes plats, tantôt des rafales venant de directions opposées à la direction du vent qui souffle au large et même dans le val de *Scipan*.

Si l'on se trouvait forcé de donner dans le *canal de Calamota* par cette passe avec un grand bâtiment, il faudrait ranger la côte de *Giupana* de très-près, de manière à pouvoir s'y amarrer dans le cas où le vent ne permettrait pas de changer la route de 90° pour porter au N. E., quand l'on serait parvenu au plus étroit de la passe, entre la pointe de la *presqu'île Giupana* et la pointe S. E. de *Iaklian*.

Il faut éviter surtout avec soin de tomber sur la côte de *Iaklian*, où nous avons trouvé plusieurs roches qui couvrent et découvrent.

D'après ce que nous venons de dire, il est aisé de conclure qu'il faut éviter de s'engager dans le *Harpoti*, quand on peut gagner une des autres passes, soit pour entrer dans le *canal de Calamota*, soit pour en sortir : la nécessité seule pourrait justifier une telle tentative.

Passe entre Iaklian et Olipa.

La passe entre *Iaklian* et *Olipa* est nommée *Veliki-Vratnick* par les Dalmates, et *Boccha-Falsa* par les marins italiens.

Le nom de *Boccha-Falsa* lui a été donné, sans doute, parce qu'il arrive presque toujours qu'en entrant dans le canal par cette passe on éprouve des calmes, de fausses risées, et même des remous de courants qui portent à la côte.

Quand on entre dans le *Veliki-Vratnik* avec le vent au N. O., il faut, après avoir doublé *Olipa*, tenir le vent bâbord-amures jusqu'à ce que l'on ait doublé *Tayan*, et même ne laisser arriver que quand on a la certitude de doubler le *Scoglio-Miscgniak*, si le vent prend plus du N. dans le *val de Maestro*, ce qui arrive souvent. C'est particulièrement avec des vents faibles qu'il faut se défier le plus des calmes et des remous de courants.

Les calmes sont occasionnés par les montagnes de *Iaklian* et d'*Olipa* ; quant aux remous de courants, ils sont très-sensibles et dangereux quand le vent est au S. E., parce que alors le courant extérieur qui suit constamment la côte orientale du golfe de Venise, du S. E. au N. O., acquiert de la vitesse, se porte sur *Olipa* et entre dans le *canal de Calamota*; il rencontre alors le courant du canal qui vient aussi du S. E. au N. O., et qui cherche à sortir par le *Veliki-Vratnik*, et de ce choc il résulte des remous qui portent sur *Olipa*, si l'on est très-près de cet écueil, ou sur *Iaklian* et *Tayan*, si l'on est hors de la limite du courant extérieur.

Le *Veliki-Vratnik* est plus favorable pour la sortie des bâtiments que pour leur entrée, car en allant mouiller près des écueils *Tayan* et *Czerquina*, où la tenue est excellente, on pourrait toujours profiter, pour mettre dehors, des vents de terre qui soufflent plus ou moins fort, mais qui se font sentir toutes les nuits.

Passe entre Olipa et la presqu'île de Sabioncello.

Cette passe, qui se nomme *Mali-Vratnick* par les Dalmates, et passe de *Porto-Ladro* par les Italiens, n'est guère fréquentée par les bâtiments qui cherchent à pénétrer dans le *canal de Calamota*; mais comme elle est bien à l'abri du vent S. E. et de la grosse mer qu'il occasionne, les bâtiments de commerce s'y réfugient quelquefois.

Le *Mali-Vratnik* est une passe dont la partie méridionale est fort étroite, et dans laquelle il serait dangereux de s'engager avec des vaisseaux, à cause des calmes et des fausses risées occasionnées par les montagnes qui l'entourent; mais comme on peut jeter l'ancre et même s'amarrer à terre aussitôt que l'on a dépassé le plus étroit du canal, c'est, nous le répéterons, un excellent abri pour des bâtiments de commerce et pour de petits bâtiments de guerre.

On trouve dans le *Mali-Vratnik* et à la partie N. O. de l'écueil *Olipa* une petite anse à laquelle les marins donnent le nom de *Porto-Ladro*: un vaisseau de ligne pourrait se placer au besoin dans cette anse et s'y amarrer de manière à n'avoir pas à craindre un coup de vent de *Borea*.

Le *Porto-Ladro* est un bon abri contre tous les vents. On a placé sur l'écueil *Olipa* une batterie qui défend l'entrée du *Mali-Vratnik* et du *Veliki-Vratnik*. On trouve d'assez bonne eau, mais en petite quantité, dans un trou pratiqué près de *Porto-Ladro*.

La côte de la presqu'île de *Sabioncello*, opposée à *Olipa*, est, de même que cet écueil, absolument déserte et couverte de broussailles presque impénétrables.

Le nom de *Porto-Ladro* a été donné à ce lieu sauvage, parce qu'anciennement les pirates s'y mettaient en embuscade, afin de pouvoir tomber à l'improviste sur les bâtiments qui fréquentaieut ces parages.

MOUILLAGES DANS LE CANAL DE CALAMOTA.

On peut dire en général que le mouillage est bon partout dans le *canal de Calamota*, parce que partout on trouve un bon brassiage et un fond dans lequel les ancres tiennent bien ; mais il n'en est pas moins vrai que toutes les parties de ce magnifique canal ne sont pas bien à l'abri des efforts réunis de la mer et du vent, et que l'on ne serait pas également bien placé sur tous les points pour amarrer à terre, comme il faudrait nécessairement le faire, si l'on voulait y séjourner.

Nous avons déjà dit que l'un des bons mouillages de ce canal était celui du N. de l'île de *Calamota*, où se plaçaient les vaisseaux vénitiens quand ils venaient relâcher avec les vents de S. E. ; outre que le fond est d'une excellente qualité à ce mouillage, et que le brassiage n'y est pas trop grand (16 à 20 brasses), on a encore l'avantage de pouvoir s'y placer à l'abri de la mer du S. E., sous l'île de *Calamota*, qui s'élargit à sa partie septentrionale.

La tenue étant très-bonne dans le N. de *Calamota*, et la mer du S E. ne s'y faisant presque point sentir, il est certain que l'on y tiendrait sur deux ancres par les plus forts coups de vent du S. E. et du N. O. ; mais ce ne serait point là cependant que nous conseillerions de se placer s'il était question de séjourner longtemps dans le canal, parce que la position n'est pas favorable pour amarrer à terre, ainsi que cela serait indispensable pendant l'hiver, vu la violence du *Borea*.

Quand on est dans la meilleure position du mouillage de *Calamota*, on voit la passe entre *Mezzo* et *Calamota* ouverte au S. O., ce qui pourrait faire craindre d'y ressentir la mer du large ; mais le vent de S. O. n'est jamais assez fort, et ne souffle jamais assez longtemps pour que la mer de cette partie puisse incommoder un vaisseau.

Ce mouillage, que l'on peut gagner facilement avec les vents de S. E., en venant du S., est encore très-avantageusement situé pour la sortie du canal.

Les bâtiments du commerce ne restent point mouillés en plein canal, même dans la position dont nous venons de parler, quand il y a apparence de gros temps ; ceux qui entrent par la passe du S. s'efforcent de gagner *Malfi* quand le vent n'est pas encore très-violent, et, s'ils ne peuvent entrer à *Malfi*, ils vont se placer dans le petit port de *Calamota* : là, ils sont parfaitement à l'abri du vent de S. E. et même du *Borea*; le vent de N. O. seul pourrait un peu les incommoder.

Le port de *Calamota* n'a que 2 encâblures de largeur et 3 encâblures de profondeur ; mais, tout petit qu'il est, on pourrait encore au besoin y placer sur quatre amarres une frégate et même un vaisseau. Il y a 48 pieds d'eau à l'entrée, et le fond va en diminuant progressivement.

J'ai trouvé une roche de peu d'étendue dans sa partie S.

Le mouillage près de la côte, entre la batterie S. de *Malfi* et *Ombla*, doit être placé au nombre des bons mouillages du *canal de Calamota*, parce que l'on y est bien à l'abri du vent de *Borea*.

Le fond est bon le long de cette côte ; c'est de la vase verdâtre mêlée à du sable fin : on y trouve de 20 à 24 brasses d'eau.

A mesure que l'on s'enfonce dans la partie septentrionale du canal, en partant du mouillage du N. de *Calamota*, le brassiage augmente progressivement depuis 20 jusqu'à 37 brasses, et le plomb de sonde, qui à ce mouillage rapporte à peine quelques grains de sable fin, parce que la vase à laquelle il est mêlé est trop compacte pour être enlevée avec le suif, indique partout un fond qui est, il est vrai, de bonne qualité, mais qui n'est pas d'une tenue aussi sûre que le premier.

On trouve de la vase mêlée à beaucoup de sable fin, jusqu'à ce que l'on soit parvenu par le travers de la pointe S. E. de *Giupana* ; mais depuis là jusque dans le grand bassin du N.. formé par *Giupana*, *Iaklian*, *Olipa* et la grande terre, le sable diminue ; et dans le milieu de ce bassin, où le brassiage est de 30 à 37 brasses, on trouve de la vase verdâtre pure dont la superficie seulement est molle.

Une flotte nombreuse qui serait en partance pourrait mouiller en toute sûreté dans le bassin du N., où il ne peut jamais y avoir assez de mer, pour faire courir quelques risques à des vaisseaux de ligne dont on aurait eu l'attention d'empenneler les ancres. En se plaçant dans la partie septentrionale du bassin du N., qui est nommé *Valle-di-Maestro*, on serait bien à l'abri du vent de N. O., et en s'approchant de la côte on trouverait depuis *Slano* jusqu'à l'anse *Boudina* beaucoup de positions favorables pour amarrer à terre, de manière à n'avoir pas à redouter le terrible *Borca* lui-même.

Il faudrait éviter, avec des vents faibles, de s'approcher de la côte entre les anses *Boudina* et *Smokovizza*, parce qu'il y a dans cette partie des sources considérables qui sortent du fond de la mer et font tournoyer l'eau avec assez de force, pour porter à la côte un vaisseau qui ne pourrait plus gouverner.

On pourrait au besoin se mettre à l'abri avec une frégate dans une petite anse nommée *Porto-Jansko* qui fait partie du *Val-di-Maestro*.

La qualité du fond près de la côte dans le *Val-di-Maestro* est très-variable; le plomb de sonde y rapporte tantôt de la vase pure, tantôt du sable, du gravier, du gravier et des coquilles, etc.; mais nulle part je n'ai trouvé de roches.

Le mouillage sous la pointe orientale du port de *Slano*, pointe *Gorgna*, est sans contredit l'un des meilleurs qu'il soit possible de choisir pour se mettre à couvert de la mer, qu'un vent de S. E. forcé et continu ne manque pas d'élever dans le milieu du *canal de Calamota*. Là, on est véritablement comme dans un port; on peut amarrer à terre, et je conseillerais à des bâtiments, qui auraient à craindre de ne pouvoir résister en plein canal aux efforts réunis de la mer et du vent, de venir s'y placer.

Un très-bon mouillage encore, et où l'on peut amarrer à terre facilement, c'est celui des écueils *Tayan*, *Czerquina* et *Cosmech*. Le fond y est très-bon, c'est une vase argileuse partout.

Le *Porto-Galera* de *Iaklian*, quoique petit, est aussi un bon abri.

Enfin, la grande anse de *Scipan*, nommée *Luka* par les Dalmates (ce qui signifie *arc* ou *port*), est tout à la fois une magnifique rade et un port excellent, et peut-être mériterait-elle la préférence sur *Slano* et *Ombla*, si elle ne se trouvait isolée du continent, et dans une position qui ne permet pas d'y arriver avec les vents de S. E. qui sont, nous l'avons déjà dit, les vents régnants dans le golfe de Venise pendant l'hiver, et même pendant une grande partie de la belle saison.

Le passage *Harpoti* donne dans l'anse de *Scipan*.

Nous terminerons cet article en insistant sur la nécessité d'amarrer à terre dans le *canal de Calamota*, quand on sera forcé d'y séjourner : il faudra pour cela se placer près de la côte de la terre ferme, dans les positions les moins exposées à être battues par la mer du large. Il suffit de jeter les yeux sur les plans qui accompagnent ce Mémoire pour reconnaître à quel danger un vaisseau serait exposé s'il chassait sur ses ancres par le vent de *Borea*, qui souffle dans une direction perpendiculaire à celle du *canal de Calamota,* et qui porte sur des côtes de roches au pied desquelles il y a presque autant de profondeur d'eau que dans le milieu du canal. Une frégate vénitienne, qui était mouillée à mi-chenal entre *Mezzo* et la terre ferme, fut portée par la violence du *Borea* sur la côte de *Mezzo,* et elle n'évita le naufrage qu'en coupant sa mâture. Il faut avoir vu les effets d'un coup de vent de *Borea* pour se faire une idée juste des rafales qui descendent des montagnes qui bordent la côte orientale du golfe de Venise.

Le vent de S. E. ne prend de la force qu'après avoir soufflé 36 et 48 heures, ce qui donne le temps aux marins de se mettre à l'abri de sa violence; mais, nous ne saurions trop le répéter, le *Borea* se déclare en une minute, et il souffle sur-le-champ avec une telle furie, qu'il semblerait que rien ne doit lui résister.

PORTS SITUÉS DANS LE CANAL DE CALAMOTA.

Le *canal de Calamota* offre non-seulement un mouillage immense, excellent et facile à prendre dans toutes les saisons et avec tous les vents, le *Borea* excepté, mais encore plusieurs ports où l'on peut hiverner avec sécurité, et où l'on pourrait former les établissements maritimes les plus complets. Deux de ces ports, *Slano* et *Ombla,* semblent être destinés à devenir le centre d'une marine formidable.

Gravosa et Ombla.

Les ports d'*Ombla* et de *Gravosa,* qui ne font qu'une seule et même position maritime, sont situés, par rapport à la ville de *Raguse,* de manière à pouvoir être considérés comme formant son port militaire. La distance de la partie occidentale de *Raguse* au fond du port de *Gravosa* n'est que de 1,000 toises, et la route qui y conduit est magnifique. Cette même route, exécutée par ordre de Son Excellence le maréchal Marmont, continue jusqu'au village de *San-Stefano-d'Ombla,* en suivant la rive orientale du port de *Gravosa.*

L'écueil *Daxa,* placé en avant d'*Ombla* et de *Gravosa,* est en même temps la limite du port vers l'O., et son meilleur point de défense contre une attaque qui serait dirigée par mer : cet écueil est peu élevé, et il est susceptible d'être fortifié d'une manière formidable ; déjà on y a construit deux bonnes batteries qui, avec celles établies sur la pointe de *Lapad*, à l'entrée de *Malfi* et sur l'île de *Calamota*, défendent assez bien la passe méridionale du *canal de Calamota*.

Gravosa est un petit port, ou plutôt ce n'est qu'une grande anse faisant partie du port d'*Ombla*. Il a, à la vérité, 850 toises de longueur du S. E. au N. O. ; mais, outre que sa largeur est bien peu considérable (200 toises à l'entrée et au fond, 250 toises au milieu), il est presque comblé à sa partie méridionale, dans l'espace de 350 toises, par les terres que les pluies abondantes de l'hiver y amènent.

Si l'on ajoute à cela que, depuis le S. jusqu'au S. O. de la pointe *Cantafigo*, il y a des fonds de roche isolés, recouverts de vase, sur lesquels on ne peut laisser tomber une ancre sans courir le risque de la perdre, on aura la certitude que le port de *Gravosa* ne peut pas recevoir pour l'hivernage plus de 3 vaisseaux de ligne qui y seraient amarrés à 4 amarres, dont 2 à terre.

Ce port est très-bon pour les bâtiments de commerce, qui y trouvent un excellent abri ; aussi est-ce là que les Ragusais tenaient une grande partie de leurs bâtiments, le port de *Raguse* n'en pouvant recevoir que de très-petits, et encore en petite quantité ; ils plaçaient les autres à *Ombla*.

Les Ragusais construisaient à *Gravosa* ; ils tiraient le bois de chêne des îles Meleda et l'Agusta et de l'Albanie. Les mâtures étaient tirées de Fiume, ainsi que les planches de sapin ; les autres objets d'armement venaient de l'Italie ou de l'Allemagne.

J'ai été plusieurs fois témoin de l'effet du *Borea* dans le port de *Gravosa*, pendant l'hiver ; ce vent descend de la montagne avec furie, il enlève la superficie de l'eau en tourbillonnant et en forme une espèce de nuage, mais il n'occasionne point de mer.

Les bâtiments doivent être solidement amarrés à terre et le plus près possible du rivage oriental du port, pour résister à des rafales aussi violentes.

Le vent de S. E., quand il est très-fort, tourbillonne aussi dans le port de *Gravosa*.

Il y a de très-jolies maisons tout autour du port de *Gravosa*, mais point de bâtiments qui puissent servir de magasins pour la marine, dans le cas où l'on voudrait faire de ce port et d'*Ombla* le chef-lieu d'un établissement militaire.

Ombla est un bras de mer long d'environ 2,000 toises, au fond duquel il y a une belle rivière qui n'a guère plus de

900 toises de cours apparent, mais qui est néanmoins assez profonde. Les eaux de cette rivière sortent à grands flots et en bouillonnant du pied des montagnes qui font la limite actuelle de la Bosnie et de la Dalmatie. L'eau de la rivière d'*Ombla* est excellente et une escadre pourrait s'en approvisionner avec une très-grande facilité, puisque tout bâtiment, qui tire moins de 8 pieds d'eau, peut remonter jusqu'à la source.

La grande quantité d'eau douce qui sort du port d'*Ombla*, particulièrement en hiver, fait que l'on a toujours le courant contraire pour y entrer ; mais à moins que le vent d'E. ne souffle avec force, il serait toujours aisé d'y conduire un vaisseau par les moyens connus des marins, le halage, la remorque ou la touée.

Si l'on se trouvait pris par des vents de la partie de l'E., au moment où l'on voudrait entrer à *Ombla* avec un vaisseau, il faudrait mouiller entre *Daxa* et la pointe *Leandra* par 20 et 24 brasses d'eau, fond de vase verdâtre, bonne tenue, en attendant que le vent devînt favorable.

Ombla a peu de largeur (125 toises à l'entrée et 100 toises vers le fond) ; mais comme le *Borea* souffle dans la direction de ce bras de mer, qui court à peu de chose près E. et O., ce n'en est pas moins une très-bonne position pour placer des vaisseaux de ligne ; le brassiage n'y est pas très-grand et il va en diminuant progressivement depuis l'entrée, où l'on trouve 20 brasses, jusqu'auprès du couvent de *Rosgiat*. La qualité du fond est presque partout une vase verdâtre, molle à la superficie, dans laquelle les ancres tiennent bien.

La partie occidentale d'*Ombla* peut ressentir un peu la mer du large quand les vents sont à l'O. S. O. ; mais, comme les vents de cette partie ne sont jamais très-forts et qu'ils soufflent peu de temps, il en résulte que ce bras de mer est, dans toute son étendue, un très-excellent port. C'est un lieu qui semble avoir été disposé par la nature pour servir de refuge à une armée navale, et contre les tempêtes, et contre un ennemi supérieur en forces.

Il me serait difficile d'assigner exactement quel nombre de vaisseaux de ligne on pourrait faire hiverner à *Ombla*, mais je ne crains pas de trop m'avancer en le portant à trente, dans la supposition qu'on en placerait sur les deux rives parallèlement à la côte ; position qu'il paraît indispensable de leur donner à cause de la force du vent de *Borea*, qui, ainsi que nous l'avons dit plus haut, suit la direction du canal.

On pourrait avec vent arrière seulement entrer à la voile dans le port d'*Ombla*, mais c'est une manœuvre que je ne conseillerais pas ; d'abord à cause du peu de largeur de ce port et de sa profondeur, et ensuite parce que le courant porte avec assez de force sur la pointe occidentale de *Gravosa*, pour mettre un vaisseau en danger, si le vent venait à faiblir tout à coup ou seulement à varier de quelques quarts au moment où l'on serait par le travers de la pointe *Leandra*.

Au reste, pour donner à la voile dans ce port et dans celui de *Gravosa*, en venant du large, même avec de petits bâtiments, il faudrait serrer de très-près la côte de bâbord, qui est saine.

Les ports d'*Ombla* et de *Gravosa* ne jouissent pas de l'avantage d'offrir sur-le-champ un abri aux bâtiments qui donnent dans le *canal de Calamota* avec des vents de S. E. forcés ; car avec les vents de cette partie, trop forts pour pouvoir louvoyer, à peine peut-on gagner l'abri de la côte entre *Malfi* et *Daxa*.

Quand il est possible de louvoyer avec des vents de S. E., on doit venir jeter l'ancre entre *Daxa* et la *pointe Leandra*, pour de là se faire remorquer dans le port de *Gravosa* ou dans celui d'*Ombla*.

Nous avons déjà dit que le mouillage près de la côte, entre la batterie méridionale de *Malfi* et la pointe *Leandra*, est très-bon et que l'on y est à l'abri du *Boreu*, lequel vent sortant de *Malfi* et d'*Ombla* en suivant les directions de ces ports, souffle avec furie dans les environs de *Daxa*.

On trouverait sur la côte septentrionale d'*Ombla*, depuis le village de *Mocoscizza* jusqu'au couvent près *Rosgiat*, des positions très-favorables pour placer des bassins, des chantiers de construction, des magasins et tous autres établissements qui constituent un grand port militaire.

Cette rive est bien cultivée et on y voit beaucoup de jolies maisons qui appartiennent, les unes à des nobles ragusais, et les autres à des capitaines de bâtiments marchands.

On voit aussi quelques jolies maisons sur la côte méridionale, qui est escarpée dans presque toute l'étendue du bras de mer.

Les bords de la rivière, depuis le couvent jusqu'à la source, sont bien cultivés. Il y a près de la source de la rivière d'*Ombla*, plusieurs moulins qui appartiennent au gouvernement, et l'on pourrait y en établir un plus grand nombre, si les besoins du service l'exigeaient.

Il sera facile de conclure de ce qui précède, que les ports

d'*Ombla* et de *Gravosa* réunis forment une position qui présente les plus grands avantages pour la marine militaire; on peut dire que là tout est possible.

Port de Malfi.

Le port de *Malfi* est situé à l'ouvert de la passe du S. du *canal de Calamota*, à environ 2,000 toises dans le N. O. de l'entrée d'*Ombla*. Il a 900 toises de longueur du S. S. E. au N. N. O., et de 100 à 150 toises de largeur. Les vents de S. E. rendent la mer très-grosse dans toute la longueur de ce port, et l'on n'y est vraiment à couvert qu'en se plaçant dans le fond des anses *Veliki*, *Zaton* et *Saline*, qui sont fort petites.

Le fond est de bonne tenue partout en dedans du port de *Malfi*; c'est une vase verdâtre, mêlée à une petite quantité de sable fin. On trouve à l'entrée un fond de sable mêlé de gravier et de coquilles.

Le brassiage va en diminuant progressivement depuis l'entrée du port, où l'on trouve 20 brasses d'eau, jusqu'au fond, où l'on trouve encore 6 brasses à toucher le rivage.

Il y a dans le fond du port de *Malfi* une source semblable à celle d'*Ombla*, mais qui est beaucoup moins abondante; on a aussi construit là des moulins à eau. La partie N. E. de l'anse *Mali-Zaton* est remplie de sable et de vase.

Ce serait dans l'anse *Saline* qu'il faudrait qu'un vaisseau se plaçât si, venant de la mer, un événement majeur ne lui permettait pas de gagner ou *Ombla* ou *Slano*. En amarrant à quatre amarres, deux amarres à terre et deux au large, dans cette petite anse, on pourrait y tenir même contre le vent de *Borea* qui y souffle, m'a-t-on dit, avec une grande furie. La tenue est très-bonne dans l'anse *Saline*, et l'on y est bien à l'abri de la mer. On pourrait aussi se placer avec un vaisseau dans la partie occidentale de l'anse *Mali-Zaton*, mais la grosse mer du large doit se faire sentir dans toute l'étendue de cette anse, qui, si elle était fermée, serait préférable à l'anse *Saline*, parce que le brassiage y est moins considérable et qu'il y a de l'évitage.

L'anse *Veliki-Zaton*, la plus voisine de l'entrée du port, est aussi un bon abri, mais l'on ne peut s'y amarrer aussi facilement que dans l'anse *Saline*; d'ailleurs, un banc de gros gravier qui suit la direction de la côte dans l'espace de 150 toises, et en dedans duquel il faut se placer pour être à l'abri, ne permettrait point de s'y placer sur-le-champ en venant de la mer avec un vaisseau. De petits bâtiments seuls pourraient aller mouiller dans cette anse en passant sur le banc dont nous venons de parler.

C'est ordinairement à *Malfi* que les bâtiments de commerce viennent se réfugier quand ils craignent un coup de vent de S. E. : ils y viennent aussi pour faire de l'eau, qui là est bonne et en abondance. Les bâtiments de commerce donnent la préférence à *Malfi* sur *Gravosa*, parce qu'ils peuvent prendre le large plus facilement de ce premier port que de l'autre, avec les vents de la partie N. O., qui succèdent le plus ordinairement aux vents de S. E.

Il arrive bien souvent que l'on peut gagner sans louvoyer le port de *Malfi*, dans les premiers moments où le vent de S. E. souffle, tandis qu'il serait impossible de gagner *Gravosa*, parce que le vent souffle de l'E. à l'entrée de ce dernier port, quand il est au S. E. au large.

Au reste, *Malfi* est si près d'*Ombla* et de *Gravosa* que l'on peut le regarder comme une dépendance importante de ces deux ports. Les batteries placées sur *Daxa*, pour la défense d'*Ombla* et de *Gravosa*, défendent en même temps l'approche de *Malfi*, et les deux batteries de *Malfi* sont placées de manière à croiser leurs feux avec la batterie septentrionale de *Daxa*; mais il faudrait des mortiers au lieu de canons sur toutes ces batteries, si l'on formait un établissement maritime de quelque importance à *Ombla* et à *Gravosa*.

La vue du fond du port de *Malfi* est très-pittoresque : une montagne élevée, dont le pied est couvert d'oliviers, de vignes et de mûriers, enveloppe, en forme de demi-cercle, l'anse *Mali-Zaton*, autour de laquelle on voit de jolies maisons.

Quand la route militaire qui s'exécute par ordre de S. E. le maréchal Marmont sera entièrement achevée, la communication entre *Raguse* et *Malfi* sera très-facile. La partie de cette route qui est le long du port de *Malfi* est entièrement finie, mais la partie comprise entre *Ombla* et *Malfi* a besoin d'être perfectionnée.

J'ai appris qu'un vaisseau de ligne turc avait hiverné dans *Malfi*, mais je n'ai pu savoir dans quelle position il s'était placé.

Port de Slano.

Le port de *Slano*, situé dans la partie septentrionale du *canal de Calamota*, à environ 4 lieues 1/2 de *Raguse*, réunit à l'avantage d'être un magnifique bassin, celui d'être placé dans un canal, qui devient pour lui une rade parfaitement sûre et d'une immense étendue.

Il a 800 toises de longueur du N. E. au S. O., et il se divise en plusieurs anses, dont la plus avantageusement située pour le mouillage des vaisseaux est celle de *Bagna.*

Une vase verdâtre, mêlée de sable fin, est la qualité générale du fond à *Slano;* mais la tenue est meilleure dans l'anse de *Bagna* que partout ailleurs, parce que la vase y est très-compacte et qu'elle est mêlée d'une très-grande quantité de sable fin.

Il résulte des informations que j'ai prises sur l'effet du *Borea* dans le port de *Slano,* que cette position est beaucoup moins exposée à la violence de ce terrible vent que quelques autres parties du *canal de Calamota.* On m'a dit que le *Borea* agitait à peine la surface des eaux de ce beau bassin, et j'ai eu la preuve qu'on y était en calme par les plus forts vents de S. E.

Quoi qu'il en soit, il faudrait toujours prendre la précaution d'amarrer à terre à *Slano,* comme dans tous les ports de la Dalmatie, en quelque saison que l'on allât y relâcher.

La position du port de *Slano* est telle, par rapport aux deux passes du S. du *canal de Calamota,* que l'on peut y arriver pendant l'hiver avec les vents forcés du S. E., quand on a pu pénétrer dans le canal par ces passes, les seules qu'il soit alors prudent de pratiquer.

Dans le cas où l'on craindrait de donner dans *Slano* avec un très-gros vent de S. E. qui pourrait prendre de l'E. en dedans des pointes de l'entrée, on aurait l'avantage de pouvoir mouiller à l'abri de la mer du S. E. sous la pointe *Gorgna,* où, je l'ai déjà dit, le fond est d'une bonne qualité et où l'on pourrait au besoin amarrer à terre pour se garantir du *Borea.*

Les contours du port de *Slano* sont agréables quoiqu'ils ne soient pas aussi bien cultivés qu'ils semblent pouvoir l'être.

Le village de *Slano,* situé dans le fond du port, est assez bien peuplé.

Gargurich et *Bagna* sont deux petits hameaux où d'anciens marins ont fait bâtir quelques jolies maisons.

On trouve de l'eau douce excellente et en assez grande abondance pour subvenir aux besoins de la plus forte armée navale à *Slano.* Elle se fait au ruisseau *Usiecenik,* à la côte orientale, entre *Slano* et *Bagna.* J'ai trouvé à l'entrée du port un fond de roche sur lequel il reste de 39 à 55 pieds d'eau, et qui par conséquent ne présenterait de danger que dans le cas où l'on se trouverait obligé de laisser tomber l'ancre dessus : ce fond de roche tient à la pointe *Dogna* par des fonds de gravier.

L'entrée du port n'a que 150 toises de largeur, et elle est très-profonde (120 et 130 pieds), ce qui fait que je ne conseillerais pas de s'y engager avec un vaisseau par un vent forcé du S. E., dans la crainte de tomber sur la pointe *Dogna*, si le vent soufflait plus de l'E. ou plus fort dans le port que dans le canal.

Il est aisé de sortir du port de *Slano*, parce que les vents de terre y soufflent toutes les nuits, à moins qu'il n'y ait un coup de vent déclaré.

J'ai cherché en vain à fixer la position d'un trou dans l'anse *Osmine*, dans lequel plusieurs bâtiments de commerce ont perdu leurs ancres ; les marins ni les pêcheurs du pays n'ont pu me mener dessus. Ce trou, s'il existe, doit être extrêmement petit, car je l'ai cherché longtemps et avec le plus grand soin : peut-être au lieu d'un trou, n'est-ce qu'une petite roche plate sous laquelle les ancres s'engagent de manière à ne pouvoir être relevées.

Le port de *Slano* est, comme on vient de le voir, un véritable bassin dans lequel on n'éprouve jamais de mer, parce qu'il est parfaitement abrité de toutes parts ; dans lequel le *Borea* ne souffle pas avec assez de violence pour mettre des vaisseaux de ligne en danger ; dans lequel on trouve de l'eau très-bonne et en abondance ; où l'on entre facilement, d'où l'on sort plus facilement encore ; où la tenue est excellente, et dans lequel on peut entrer avec les vents qui règnent pendant la plus mauvaise saison, c'est-à-dire avec les vents de la partie du S. E.

Si l'on ajoute que quatre à cinq vaisseaux de ligne pourraient venir prendre mouillage à la voile dans ce port ; que plus de vingt vaisseaux pourraient y hiverner étant amarrés à quatre amarres, dont deux à terre et deux au large ; que les localités sont favorables pour y recevoir un grand établissement maritime, et enfin qu'il peut être rendu inattaquable par mer, l'on ne sera point surpris que nous le désignions comme méritant la plus grande attention de la part du gouvernement, aussi bien que *Ombla* et *Gravosa*.

Slano, par sa situation dans le milieu du *canal de Calamota*, qui permet d'y arriver pendant l'hiver avec les vents forcés de S. E., pourrait mériter la préférence sur *Ombla* comme position maritime ; mais s'il était question de se décider pour l'un ou pour l'autre de ces deux ports, la proximité à laquelle

Ombla se trouve de la ville de *Raguse* pourrait compenser le désavantage de sa position.

Je ne connais pas assez bien la topographie des environs de *Raguse* pour donner mon opinion sur les moyens qu'il faudrait employer pour défendre les ports d'*Ombla* et de *Slano* d'une attaque qui sera faite par terre ; mais, comme l'un et l'autre de ces ports touchent à la frontière de la Turquie, je dirai qu'il sera presque impossible d'en tirer un grand parti, tant que cette frontière ne sera pas reculée.

Les Turcs sont les maîtres des hauteurs qui dominent, du côté du N. et du N. E., la vallée dans laquelle coule la rivière d'*Ombla*, et ils ont établi quelques petits forts sur ces hauteurs.

Quoique la frontière de la Turquie soit aussi très-rapprochée de *Slano*, il m'a semblé qu'il serait encore plus facile de défendre ce port, en cas d'invasion, que celui d'*Ombla*.

Quant à la défense contre une attaque qui serait dirigée par mer, *Slano* et *Ombla* peuvent aussi facilement l'un que l'autre être mis hors d'insulte.

Golfe de Stagno.

Je comprends le *golfe de Stagno* au nombre des ports du *canal de Calamota*, parce que le fond de ce golfe, dans l'espace de 1,200 toises, c'est-à-dire depuis l'anse *Kobasc* jusqu'au village *Brozze*, peut être considéré comme formant un très-bon port.

Le brassiage est considérable dans la partie orientale du golfe de *Stagno* (30 et 35 brasses), et le fond n'y est pas d'une très-bonne tenue ; c'est de la vase verdâtre pure, plus molle que dans aucune autre partie du *canal de Calamota*, mais le brassiage va en diminuant progressivement à mesure que l'on s'avance dans ce petit golfe, et la qualité du fond change ; on trouve une grande quantité de sable fin mêlé à la vase, quand on approche de l'anse *Kobasc*, et la tenue devient excellente ; enfin depuis cette anse jusqu'à *Brozze* se trouve l'un des meilleurs mouillages de tout le *canal de Calamota*, et plus on approche de *Brozze*, plus on est à l'abri des vents de S. E. qui occasionnent un peu de mer dans le golfe de *Stagno*, quoique ce golfe soit couvert entièrement par les îles de *Giupana* et *Iaklian*.

Il y a place pour un très-grand nombre de vaisseaux de ligne dans le mouillage que nous venons d'indiquer, puisque l'on peut, en quelque sorte, s'y développer à volonté. On peut aussi s'y amarrer à terre de manière à ne pas craindre l'effet du vent de *Borea*; mais, vu sa proximité des marais et des salines de *Stagno*, dont les exhalaisons y sont amenées presque chaque jour dans la belle saison par les vents de la partie du N. O., je pense qu'il ne doit être fréquenté qu'accidentellement.

Le golfe de *Stagno* est un lieu presque entièrement désert et entouré de montagnes couvertes de broussailles épaisses. On n'y trouve point d'eau douce, mais en cas de besoin il serait aisé de s'en procurer, soit à la ville de *Stagno*, soit dans le *canal de Calamota*.

La ville de *Stagno-Grande*, située à l'extrémité du golfe de *Stagno*, est à 1,200 toises du hameau *le Brozze*, et à 1,500 toises du point jusqu'où peuvent arriver les vaisseaux de ligne. Il y a peu de profondeur dans le chenal, depuis *le Brozze* jusqu'à la ville de *Stagno*, à peine pouvais-je y naviguer avec mes canots.

Cette partie du golfe de *Stagno* est remplie de fange et d'herbes marines. Les eaux de la mer s'élèvent de 1 pied à 1 pied 1/2 sur ces vases par l'effet de la marée, mais elles les laissent à découvert au moment de la basse mer, et il s'en exhale des miasmes pestilentiels. Si l'on ajoute à la cause d'insalubrité dont nous venons de parler celle qu'occasionne le travail annuel des salines qui sont près de *Stagno-Grande*, on concevra aisément que cette ville n'est pas un lieu agréable à habiter.

Stagno-Grande est une petite ville mal bâtie et presque inhabitée, qui a mérité l'attention du gouvernement ragusais, parce qu'elle couvrait presque toute la presqu'île de *Sabioncello* des invasions des Turcs, mais qui mériterait encore plus celle du gouvernement français, si l'on formait un établissement maritime dans les environs de Raguse. En effet, cette ville, qui est jointe à celle de *Stagno-Piccolo* par d'anciennes fortifications, et qui, par cette jonction, s'appuie d'un côté au *canal de Calamota* et de l'autre au golfe de *la Narenta*, pourrait, en temps de guerre avec une nation maritime, devenir l'entrepôt des approvisionnements que l'on enverrait, de la partie septentrionale de la Dalmatie, à *Raguse*, en suivant la côte de la terre ferme. Ces approvisionnements seraient transportés à peu de frais de *Stagno-Piccolo* à *Stagno-Grande*, d'où on les ferait passer à *Raguse*, sans avoir à craindre les événements fâcheux qui arrivent fréquemment aux bâtiments qui doublent la presqu'île de *Sabioncello*.

L'isthme de *Stagno*, qui est une vallée, n'a que 600 toises de largeur, et l'on pourrait, à peu de frais, rendre la route qui conduit de *Stagno-Grande* à *Stagno-Piccolo* aussi belle que celle de *Raguse* à *Gravosa*.

Dans l'état où est cette route, j'ai fait passer, à bras d'hommes et en moins de trois heures, deux grands canots de frégate, du golfe de *la Narenta* dans le canal de *Stagno*.

Il résulte de ce qui précède que le golfe de *Stagno*, sans être une position assez avantageuse pour rivaliser avec *Slano* et *Ombla*, quand on voudra former un établissement maritime dans le *canal de Calamota*, peut devenir utile dans quelques circonstances, vu la bonté de son mouillage.

Si un vaisseau se trouvait dans le cas de tenter l'entrée du *canal de Calamota* par le *Veliki-Vratnik* (*Bocca-Falsa*), avec un vent forcé du S. E., qui ne lui permettrait pas de s'élever assez au vent pour jeter l'ancre dans une bonne position de l'anse de *Maestro*, il serait toujours à même de laisser arriver et d'aller mouiller près *le Brozze*, à l'abri de la mer et du vent.

SUR LA DÉFENSE DU CANAL DE CALAMOTA.

On peut rendre l'entrée du *canal de Calamota* dangereuse pour une armée navale, au moyen de forts et de batteries placées sur les îles et écueils qui le forment, mais on ne parviendra jamais à empêcher un ennemi hardi de pénétrer, avec un vent fait, dans ce canal, qui a six passes, dont trois sont aisées à traverser. Rien ne serait plus facile que d'armer les passes du *canal de Calamota*; rien aussi ne serait plus dispendieux, car il ne suffirait pas d'établir sur les îles de simples batteries, qui toutes pourraient être prises à revers et enlevées en un instant, il faudrait deux forts sur *Calamota*, un sur *Daxa*, deux sur *Mezzo*, deux sur *Giupana*, un à la pointe septentrionale de *Iaklian*, et un sur *Olipa*; puis des batteries sur l'écueil *Tayan*, sur l'écueil *Rudda*, et sur la pointe de *Lapad*.

Quand j'eus bien examiné toutes les parties du *canal de Calamota*, il me fut démontré qu'il était impossible d'empêcher un ennemi supérieur en forces navales d'y entrer, tel nombre de forts et de batteries que l'on plaçât sur les îles pour défendre les passes, et qu'en conséquence il fallait se borner à l'empêcher d'y mouiller, ce qui est facile, en établissant de simples batteries tout le long de la côte, depuis la pointe de

Lapad, près de *Gravosa*, jusqu'au golfe de *Stagno*. Ces batteries pourraient être secourues en cas de besoin, avec beaucoup de promptitude, soit de *Slano*, soit de *Raguse*, tandis qu'il serait impossible de communiquer avec les îles une fois que l'ennemi, après avoir forcé une des passes, serait mouillé dans le canal. L'écueil *Daxa* doit être rendu imprenable, parce qu'il est la principale défense d'*Ombla* et de *Gravosa*. On doit aussi mettre l'anse *San-Martino* de *Lapad* en état de défense, parce qu'il serait facile d'y faire un débarquement et de se porter de là sur *Gravosa* et même sur *Raguse*.

Enfin, pour compléter la défense du mouillage dans le canal, depuis *Gravosa* jusqu'au *val di Maestro*, il faudrait fortifier l'écueil *Rudda*.

La seule partie du canal de Calamota qu'il ne soit pas possible de défendre, avec des batteries placées sur la terre ferme, est celle des écueils *Tayan*, *Czerquina*, *Cosmech* et du *val de Scipan*; mais que pourrait faire une escadre ennemie mouillée dans cette position, où elle manquerait bientôt d'eau douce, et dans laquelle on pourrait l'inquiéter continuellement avec des canonnières?

Des canonnières bien armées valent mieux, pour défendre le *canal de Calamota*, que toutes les batteries que l'on pourrait établir sur les îles et les écueils; et si l'on formait par la suite un établissement maritime, soit à *Ombla*, soit à *Slano*, des bâtiments de cette espèce deviendraient indispensables pour assurer la communication entre le continent et les îles, au moment d'une attaque qui serait faite par mer.

PORT DE RAGUSE ET CANAL DE LA CROMA.

On donne le nom de port de *Raguse* ou de *Casson* à une petite anse située à la partie orientale de la ville de *Raguse*, dans laquelle des barques seulement peuvent entrer.

Le *Casson* est exposé à la mer du S. E., et, malgré une bonne digue qui a été faite pour le mettre à couvert, il n'en est pas moins vrai que l'on y est quelquefois fort mal à l'aise.

Il y a assez d'eau derrière la digue pour des *trabacolos*, mais si peu de place que huit barques de cette espèce peuvent à peine y entrer.

L'entrée du *Casson* est très-dangereuse, et l'on pourrait dire impossible, quand le vent est au S. E. grand frais, car alors la mer déferle comme en pleine côte, même dans le port.

La ville de *Raguse* est petite, mais assez jolie. Elle est traversée de l'E. à l'O. par une espèce de vallée qui fait suite au *Casson*, et des deux côtés de laquelle les maisons s'élèvent en amphithéâtre. La rue qui est dans le fond de la vallée est fort belle. Cette ville est bien fortifiée du côté de la mer.

Le mouillage en avant du *Casson*, entre l'écueil la *Croma* et la côte, est bon, mais pour l'été seulement; la nécessité seule pourrait y faire rester un bâtiment pendant l'hiver. Le vent de S. E. rend la mer affreuse à ce mouillage, et ce n'est qu'en se plaçant très-près de l'écueil, sur lequel on a mis des colonnes pour amarrer, que l'on peut se soustraire à la violence des lames.

Le brassiage n'est pas très-grand entre la *Croma* et la côte (10 et 15 brasses) : le plomb de sonde y rapporta presque toujours du gravier, mais plusieurs fois il me parut avoir frappé sur des rochers, et je serais resté convaincu que c'était une position dans laquelle on pouvait perdre ses ancres, si les marins du pays ne m'avaient assuré le contraire.

Les mêmes marins m'ont dit aussi qu'en levant les ancres on amenait de l'algue morte.

L'expérience a démontré que la tenue était bonne à ce mouillage, et que l'on pouvait y rester en toute sûreté pendant la belle saison; on le peut d'autant mieux que, quand le vent de S. E. commence à se faire sentir, on a le temps d'appareiller et d'aller choisir une meilleure position dans le *canal de Calamota*, si on le juge convenable. Nous ferons remarquer que là on amarre à terre, pour se garantir du vent de S. E. ou plutôt de la grosse mer qu'il occasionne; tandis que partout ailleurs on dispose les amarres à terre pour se garantir de la violence du *Borea*.

Deux frégates pourraient mouiller, sous la *Croma*, mais pas un plus grand nombre. Ce n'est que par le travers de la pointe N. de cet écueil que l'on peut espérer de tenir contre la violence du vent de S. E.

On a construit sur le sommet de la *Croma* un très-bon fort, qui défend cet écueil et les approches de *Raguse* du côté de la mer.

RADE DE BRENO.

On donne le nom de *rade de Breno* à la grande anse demi-circulaire que forme la côte entre *Ragusi-Vecchio* et la pointe *Pelegrino*. Cette rade, qui a 2,000 toises d'ouverture, est renommée pour la bonté de son mouillage; mais, quoique l'on puisse s'y placer à l'abri des vents de S. E., que le fond y soit de très-bonne qualité, et qu'il soit presque certain que des vaisseaux dont les ancres seraient empennelées y tiendraient même par un coup de vent de *Borea*, sans être amarrés à terre, je pense qu'une escadre ne doit point y relâcher, sans une urgente nécessité, pendant l'hiver.

Le plomb de sonde rapporte presque partout, dans la rade de *Breno*, une vase verdâtre mêlée de sable fin; sur quelques points, on trouve de la vase pure, et, près de la côte seulement, le fond ordinaire se trouve mêlé de coquillages, de gravier ou d'algue. Le fond est de bonne tenue partout dans cette rade, mais c'est seulement dans sa partie méridionale que l'on est bien à l'abri des vents de S. et de S. E., et de la grosse mer qu'ils occasionnent quand ils soufflent plusieurs jours de suite.

Une escadre pourrait être protégée, dans la rade de *Breno*, contre un ennemi supérieur en force, par des batteries que l'on établirait sur la côte et sur l'écueil *San Pietro*.

On n'amarre point à terre à *Breno*, parce que c'est une rade ouverte qui ressent dans presque toute son étendue la grosse mer occasionnée par les vents du large, depuis le N. O. jusqu'au S. O., ce qui fait craindre avec raison de se placer trop près de la côte.

Mais la précaution d'amarrer à terre n'est indispensable que quand on doit séjourner dans un port ou dans une rade pendant la mauvaise saison; or, c'est ce qui n'arrive jamais à *Breno*.

L'anse *Prahglivaz*, située à la partie méridionale de la rade de *Breno*, est un bon abri pour des bâtiments de commerce; on peut amarrer à terre à la côte orientale de cette anse, et c'est même, en toute saison, une précaution indispensable à prendre, à cause de la grande quantité d'algue morte qui couvre le fond de cette anse et qui pourrait empêcher les ancres de tenir.

Je pense qu'il serait possible d'amarrer aussi plusieurs vaisseaux dans cette anse, près de la pointe *Prahglivaz*, de manière à les garantir en même temps et du *Borea* et de l'effet de la mer du large; mais comme cela ne peut guère devenir nécessaire, je ne m'étendrai pas davantage sur cet article.

Le village qui a donné son nom à la rade de *Breno* est situé à l'embouchure d'une rivière assez considérable dont le cours apparent n'est guère de plus de 1 mille.

On a fait passer les eaux de la rivière de *Breno* dans plusieurs canaux sur lesquels on a construit des moulins. Dans la saison pluvieuse, les eaux de cette rivière sont abondantes, et elles forment de très belles cascades.

Les environs du village de *Breno* sont bien cultivés, ainsi que toute la côte orientale de la rade.

L'eau de la rivière de *Breno* est bonne et on peut s'en procurer facilement. La *Gliuta* est aussi une rivière abondante, mais dont l'eau n'est pas potable, quoiqu'elle sorte de la même montagne que celle de la rivière de *Breno*.

On doit passer entre l'écueil *San-Pietro* et la pointe *Pelegrino* pour aller mouiller dans la rade de *Breno*, avec des vaisseaux, non-seulement parce que cette passe est très-saine, mais aussi parce qu'elle est large et que l'on y peut louvoyer. La passe entre l'écueil *San-Pietro* et *Ragusi-Vecchio*, par laquelle il serait plus avantageux d'entrer dans la rade de *Breno*, quand on vient du S. avec le vent au S. E., est fort étroite, et de plus elle n'est pas saine. Le rocher *Sciuperca*, qui couvre et découvre, et deux sèches, rendent ce passage difficile; il ne pourrait être pratiqué, par des vaisseaux, que par un très-beau temps, et encore faudrait-il pour cela que des bouées indiquassent les deux sèches dont nous venons de parler.

Le rocher *Sciuperca* est dans le S. E., à 200 toises de l'écueil *San-Pietro*, et il en est séparé par des fonds de 45 à 50 pieds.

On trouve de 40 à 55 pieds d'eau entre le rocher *Sciuperca* et la pointe *Rat*, et ce serait par là qu'il faudrait passer de préférence avec des vents de S. E., afin de se tenir au vent du meilleur mouillage de la rade de *Breno*. La plus dangereuse des deux sèches de la passe du S. est celle qui se trouve à l'ouvert du petit port de *Ragusi-Vecchio*, et qui est absolument isolée de la terre ferme; elle est non-seulement à craindre quand on veut entrer à *Breno* par la passe du S., mais on tomberait encore dessus, en venant du S. et longeant la côte de très-près, si l'on faisait route directe sur l'écueil *San-Pietro*, après avoir doublé la pointe *Sustiepan*.

Il ne reste que 8 pieds d'eau sur le milieu de cette sèche, que l'on évitera en tenant ouvert de la côte un gros rocher noir qui est à 200 toises dans le S. E. de la pointe *Sustiepan*; quand on voit le milieu de ce rocher par la partie occidentale de la pointe *Sustiepan*, on est dans la direction du point le plus élevé de la sèche.

La seconde sèche, sur le plus haut de laquelle il reste 11 pieds d'eau, tient à la pointe *Rat*.

PORT DE RAGUSI-VECCHIO.

Le port de *Ragusi-Vecchio*, quoique très-petit, est un excellent abri pour des bâtiments de commerce, et, en cas de besoin, on pourrait y placer même un vaisseau. Il est ouvert au N. O. et le vent de cette partie y rendrait la mer très-grosse si la première sèche dont j'ai parlé ci-dessus, ne l'en garantissait un peu.

On trouve de 50 à 60 pieds d'eau à l'entrée du port, fond dur, et jusqu'à 65 dans le milieu où le fond est de bonne tenue : c'est de la vase mêlée de sable.

On doit amarrer à terre, en toutes saisons, dans le port de *Ragusi-Vecchio*, parce qu'il n'y a point d'évitage.

Ce port n'a que 300 toises de longueur du S. E. au N. O., 100 toises de largeur à l'entrée, et 200 toises dans le fond.

Il serait aisé de défendre l'entrée du port de *Ragusi-Vecchio*, et peut être serait-il nécessaire de le faire en temps de guerre, parce que, quand les corsaires ennemis sont dans la rade de *Breno*, ce qui arrive assez souvent, c'est le seul endroit où puissent se réfugier les bâtiments de commerce, qui viennent de *Cattaro* et qui sont destinés pour *Raguse*.

La ville de *Ragusi-Vecchio*, bâtie sur une presqu'île formée par le port de *Ragusi-Vecchio* et par l'anse *Prahglivaz*, est petite, mais assez jolie ; ses habitants sont presque tous marins.

Les écueils de *Ragusi-Vecchio* sont incultes et inhabités ; ils sont escarpés du côté du large comme les îles et écueils qui forment le *canal de Calamota*, et on trouve une très-grande profondeur d'eau de ce même côté, tandis que vers la terre le brassiage est bien moins considérable.

On peut passer avec autant de sécurité en dedans de ces écueils qu'en dehors, par un temps ordinaire ; mais si l'on avait à craindre le *Borea*, il serait prudent de passer au large.

L'écueil *Marcan* est fort élevé et on peut l'approcher du côté du large jusqu'à le toucher.

J'ai fait une reconnaissance détaillée de la côte depuis Raguse jusqu'à la pointe *Sarubace*, parce qu'il se trouvait dans cet espace des positions qu'il importait de bien connaître ; mais la partie de la côte comprise entre la pointe *Sarubace* et *Molonta* a été tracée à vue sur la carte numéro 1, qui présente l'ensemble de mes opérations sur *Cattaro* et sur *Raguse*.

Il n'existe entre *Ragusi-Vecchio* et le golfe de *Cattaro* que les ports de *Molonta*, où l'on puisse se mettre à l'abri du mauvais temps ; à peine un canot pourrait-il prendre terre sur un autre point de cette côte, qui est escarpée et dont l'aspect est véritablement hideux.

PORTS DE MOLONTA.

J'ai visité avec soin les ports de *Molonta* qui jouissent d'une grande réputation parmi les marins qui fréquentent la côte orientale du golfe de Venise ; l'un de ces ports, celui du N., est connu sous le nom de *Molonta-Grande* ; l'autre se nomme *Molonta-Piccolo* : tous deux sont fermés par la presqu'ile de *Molonta* dont ils ont pris le nom. L'isthme de *Molonta*, qui a 140 toises de largeur et qui est assez élevée, sépare ces deux ports.

Molonta-Grande a 800 toises de longueur du S. E. au N. O., 400 toises de largeur à l'entrée, et 150 vers le fond ; c'est une grande anse dans laquelle on est bien à l'abri du vent du S. E., où l'on peut amarrer de manière à ne pas craindre le *Borea* , mais où le vent de N. O. donne en plein et occasionne une très-grosse mer.

On trouve 20 brasses fond de sable, coquilles et gravier, à l'entrée de *Molonta-Grande* ; puis le brassiage va en diminuant progressivement jusqu'à toucher le rivage près de l'isthme. Le plomb de sonde rapporte de la vase mêlée de sable fin dans le fond du port.

Quelques frégates et même des vaisseaux pourraient, dans un cas pressant, se retirer dans le port de *Molonta-Grande ;* mais il ne serait pas prudent qu'ils y séjournassent longtemps ; c'est un lieu où l'on peut jeter l'ancre un instant pour éviter la violence du vent du S. E. et de la grosse mer qu'il occasionne, mais où il serait bien dangereux de se trouver pris par un coup de vent de N. O., surtout avec un grand bâtiment.

On a coulé plusieurs bâtiments marchands dans le fond de ce port, ce qui en a rendu le mouillage dangereux pour longtemps.

Molonta-Piccolo est formé par la presqu'ile de *Molonta*, par un écueil et par un gros rocher ; il n'a que 400 toises de longueur du S. E. au N. O., et 350 de largeur ; ainsi, c'est un très-petit port.

La principale passe de *Molonta-Piccolo* est entre le rocher et la terre ferme ; elle a 140 toises de largeur, et sa profondeur est de 34 à 40 pieds. Les deux autres passes ne peuvent être pratiquées que par des barques.

L'entrée de *Molonta-Piccolo* est extrêmement dangereuse, quand le vent de S. E. souffle grand frais, parce qu'alors les lames qui viennent frapper la côte avec une extrême violence, ne pouvant pénétrer dans l'intérieur de ce po:t, sont renvoyées sur le rocher et sur l'écueil.

Il serait très-imprudent de s'approcher de l'entrée du *Molonta-Piccolo*, particulièrement le matin et le soir, quand le vent est au S. E. grand frais, parce que l'on a à craindre alors de trouver à cette entrée le vent de terre et du calme avec une très-grosse mer et conséquemment une perte certaine.

On doit aller mouiller dans le port de *Molonta-Grande* quand la mer, occasionnée par le vent de S. E., est grosse.

Une goëlette vénitienne a péri à l'entrée de ce port, parce que le vent lui manqua au moment où elle approcha de la côte, et qu'elle fut portée sur le rocher par les vagues.

Le brassiage est peu considérable dans l'intérieur du port de *Molonta-Piccolo*, mais la tenue y est très-bonne. On voit le fond presque partout ; c'est un sable mêlé de gravier et de coquilles, dans lequel croît l'algue.

Les vents de S. E. forcés occasionnent de la mer dans le port de *Molonta-Piccolo*, mais pas assez pour faire courir des dangers à des bâtiments qui s'y seraient placés avant le mauvais temps.

On est parfaitement à l'abri du vent de N. O. dans ce port, et l'on peut amarrer à terre avec facilité, de manière à n'avoir pas à redouter le *Borea* qui là souffle avec moins de violence que sur les autres points de la côte (c'est au moins ce qui m'a été assuré par les habitants du pays).

On trouve de l'eau assez bonne, mais en petite quantité, dans un trou que l'on a pratiqué sur la côte S. E. de l'isthme qui sépare les ports de *Molonta*.

Tout petit qu'est le port de *Molonta-Piccolo*, c'est une position précieuse, tant pour les bâtiments de commerce que pour les petits bâtiments armés, et il conviendrait de le mettre en état de défense, en temps de guerre. Trois batteries suffiraient pour défendre ce port, une sur la côte vis-à-vis du rocher de l'entrée, une sur le sommet de la presqu'île, et une sur le haut de l'isthme. Ces batteries pourraient être gardées par les habitants du *Canalli* qui sont braves et qui ont un grand intérêt à empêcher les corsaires d'approcher de leurs villages.

Les côtes des deux ports de *Molonta* sont désertes et incultes ; à peine aperçoit-on au loin sur leurs montagnes quelques mauvaises maisons ; il faut faire une lieue pour trouver les habitations les plus voisines.

La côte extérieure de la presqu'île de *Molonta* est escarpée de même que celle de l'écueil qui ferme le port de *Molonta-Piccolo*. On aperçoit encore là l'effet d'une dégradation lente, mais continuelle, occasionnée par les eaux de la mer.

Je n'ai pu sonder exactement au large de la presqu'île de *Molonta*, à cause de la position des ennemis ; mais je sais que le brassiage est très-considérable dans cette partie, de même que sur toute la côte du *Canalli*, c'est-à-dire, depuis *Ragusi-Vecchio* jusqu'à la pointe *d'Ostro* ; je n'atteignis pas le fond avec une ligne de 55 brasses, à une encâblure au large de la presqu'île de *Molonta*.

OBSERVATIONS.

Presque tous les habitants de la ville de *Raguse* et de ses environs ont été forcés de chercher dans la navigation et dans le commerce les moyens d'existence qu'ils ne pouvaient trouver dans l'agriculture, et ils ont réussi à se procurer non-seulement le nécessaire, mais encore beaucoup d'aisance.

Aussi industrieux que les habitants du Cattaro leurs voisins, les Ragusais cultivent avec le plus grand soin le peu de bonnes terres que l'on trouve au pied des montagnes qui séparent leur pays aride de la Turquie.

Ils ont planté des oliviers partout où les arbres de cette espèce pouvaient réussir, et l'huile excellente qu'ils recueillent est presque la seule des productions de leur territoire qui soit exportée. Ils recueillent aussi d'assez bon vin, du maïs et du blé, des légumes et des fruits de toutes les espèces ; mais tout cela est en trop petite quantité pour suffire à leurs besoins.

Le gros bétail manque absolument sur le territoire de Raguse, et je n'y ai vu que peu de moutons et de chèvres.

Enfin, les productions territoriales sont, à très-peu de chose près, les mêmes dans ce pays qu'au Cattaro, et ses habitants tirent des mêmes lieux que les habitants du Cattaro les denrées de première nécessité qui leur manquent.

La pêche de la sardine, qui se fait dans le canal de Calamota, pourrait devenir la source d'une grande prospérité pour Raguse, qui ne peut subsister sans le commerce ; déjà l'on sale beaucoup de ces poissons pour les exporter en Italie, et il n'y a point de doute que le débit ne s'en étendît, si la pêche se faisait en grand.

Les salines de Stagno fournissent beaucoup de sel ; néanmoins les Ragusais en tirent de l'Italie, parce qu'ils en vendent aux Turcs.

CONCLUSION.

Il est aisé de juger, d'après ce que j'ai dit du *golfe de Cattaro,* que je ne partage pas l'opinion des marins qui ont cru qu'il offrait de grands avantages pour un établissement maritime.

Pourquoi, en effet, placerait-on la marine militaire dans ce golfe où une escadre ne peut entrer et d'où elle ne peut sortir, pendant environ quatre mois de l'année, sans courir les plus grands dangers ?

Le *Cattaro,* vu pendant la belle saison, doit séduire tout marin qui ne connaîtra pas l'effet des vents et des courants que l'on y éprouve, ainsi que dans tout le golfe de Venise ; et l'on doit s'attendre à recevoir des renseignements contradictoires sur cette position, si on la fait examiner de nouveau, mais à des époques différentes de l'année, par des marins même très-expérimentés.

Le *canal de Calamota* réunit, à tous les avantages que la marine militaire trouverait dans le golfe de Cattaro, l'avantage inappréciable d'offrir en tout temps un abri assuré à l'armée navale la plus nombreuse ; et c'est pour cela particulièrement qu'il me paraît mériter d'obtenir la préférence sur ce golfe, beaucoup trop vanté quand il sera question de former un grand établissement maritime à la partie méridionale de la Dalmatie.

Tel est le résultat des connaissances hydrographiques que j'ai acquises sur le Cattaro et sur les environs de Raguse.

Cette partie de la Dalmatie offre, sans contredit, de grands avantages sous les rapports maritimes et militaires ; mais elle est presque entièrement dépourvue de tout ce qu'exigent la construction, l'armement et l'entretien des vaisseaux de ligne, et ce ne serait qu'avec les plus grandes difficultés et beaucoup de dépenses que l'on parviendrait à y faire arriver, en temps de guerre, des munitions navales de l'Italie, de Trieste et de Fiume.

Il est aisé de sentir qu'il faudrait, pour améliorer une telle situation, que les provinces qui avoisinent et qui alimentent en partie le Cattaro et Raguse fussent soumises à la puissance qui possède la Dalmatie.

A Paris, le 1ᵉʳ mai 1810.

Signé BEAUTEMPS-BEAUPRÉ.

TABLE.

Ier RAPPORT.

CAMPAGNE DE 1806.

	Pages.
Vents.	3
Rade de Pirano	7
Port d'Umago.	9
Porto-Quieto.	10
Port de Parenzo	12
Canal de Lemo	13
Ports de Pola, de Veruda et canal de Fasana.	14
Port de Pola	14
Port de Veruda	21
Canal de Fasana	22
Canal entre les îles Ossero et Unie	24
Canal de Zara et détroit de Pasman	24
Port de Zara	25
Détroit de Pasman	26
Port de Sebenico	29
Passes de Sebenico	33
Passe de l'Ouest	34
Passe du Sud	34
Passe du Nord	35
Sur les atterrages de Sebenico.	37
Port de Rogosnizza	39
Port de Spalatro.	41

IIe RAPPORT.

CAMPAGNES DE 1808 ET 1809.

Vents.	43
Marées.	45
Courants.	45

Iʳᵉ PARTIE.

	Pages.
Golfe de Cattaro	46
De l'entrée et de la sortie du golfe de Cattaro	47
Bassin Occidental	52
Bassin du Centre	53
Bassin Oriental	55
Défense du golfe de Cattaro	57
Observations	59

Description du littoral des bouches du Cattaro, depuis la Punta-d'Ostro jusqu'aux marais, sur les confins de l'Albanie, par Michele Seurich ... 61

IIᵉ PARTIE.

Environs de Raguse	63
Canal de Calamota	63
Iles et écueils du canal de Calamota	64
Passes du canal de Calamota	65
Passe entre Calamota et Mezzo	66
Passe entre Mezzo et Giupana	67
Passe entre Giupana et Iaklian	67
Passe entre Iaklian et Olipa	68
Passe entre Olipa et la presqu'île de Sabioncello	69
Mouillages dans le canal de Calamota	70
Ports situés dans le canal de Calamota	73
Gravosa et Ombla	73
Port de Malfi	77
Port de Slano	78
Golfe de Stagno	81
Sur la défense du canal de Calamota	83
Port de Raguse et canal de la Croma	84
Rade de Breno	85
Port de Ragusi-Vecchio	88
Ports de Molonta	89
Observations	91
Conclusion	92

Imprimerie de Paul Dupont, à Paris.